Matrizes energéticas

CONCEITOS E USOS EM GESTÃO E PLANEJAMENTO

série
SUSTENTABILIDADE

Arlindo Philippi Jr.
COORDENADOR

Matrizes energéticas

CONCEITOS E USOS EM GESTÃO E PLANEJAMENTO

Lineu Belico dos Reis
Professor de Engenharia Elétrica e Ambiental da Poli-USP

Manole

Este livro contempla as regras do Acordo Ortográfico da Língua Portuguesa de 1990, que entrou em vigor no Brasil.

Projeto gráfico e capa: Nelson Mielnik e Sylvia Mielnik
Editoração eletrônica: Acqua Estúdio Gráfico

Dados Internacionais de Catalogação na Publicação (CIP)
(Câmara Brasileira do Livro, SP, Brasil)

Reis, Lineu Belico dos
Matrizes energéticas : conceitos e usos em gestão e planejamento/ Lineu Belico dos Reis. – Barueri, SP : Manole, 2011. – (Série sustentabilidade / coordenador Arlindo Philippi Jr.)

Bibliografia.
ISBN 978-85-204-3038-5

1. Desenvolvimento sustentável 2. Energia elétrica 3. Fontes energéticas renováveis 4. Gestão de energia 5. Planejamento estratégico 6. Política energética 7. Recursos energéticos I. Philippi Jr., Arlindo. II. Título. III. Série.

10-10228 CDD-621.31

Índices para catálogo sistemático:
1. Energia : Gestão e planejamento : Engenharia elétrica 621.31

1ª edição – 2011

Editora Manole Ltda.
Av. Ceci, 672 – Tamboré
06460-120 – Barueri – SP – Brasil
Tel.: (11) 4196-6000 – Fax: (11) 4196-6021
www.manole.com.br
info@manole.com.br

Impresso no Brasil
Printed in Brazil

Sumário

Sobre o autor

Lineu Belico dos Reis é engenheiro eletricista formado pela Escola Politécnica da Universidade de São Paulo em 1968 e doutor em Engenharia Elétrica pela mesma faculdade em 1990. Em 1993, tornou-se livre docente, sendo professor de Engenharia Elétrica e Engenharia Ambiental.

Consultor no setor energético brasileiro e internacional desde 1968, tem mais de cem artigos técnicos apresentados e publicados em congressos e eventos nacionais e internacionais.

Tem atuado nas áreas de energia, meio ambiente, desenvolvimento sustentável e infraestrutura, com base numa visão integrada. Nesse contexto, além de diversos trabalhos de consultoria, tem coordenado e atuado em cursos multidisciplinares de especialização e extensão e, mais recentemente, em cursos de educação à distância (EAD).

É coautor do livro *Energia, recursos naturais e a prática do desenvolvimento sustentável*, publicado pela Editora Manole (2005 e 2009); coautor do livro *Energia elétrica e sustentabilidade*, também da Editora Manole (2006); e co-organizador do livro *Energia elétrica para o desenvolvimento sustentável*, publicado pela Edusp e ganhador do Prêmio Jabuti 2000 na área de Ciências Exatas, Tecnologia e Informática. Além de ser colaborador no livro *Gestão ambiental e sustentabilidade no turismo* (2010), cotradutor e coautor do livro *Energia e meio ambiente* (2010), consultor técnico e elaborador da coleção de cartilhas, jogos e vídeo do Procel Educação – Ensino Infantil, Básico e Médio, MME-Eletrobras (2006).

Há algum tempo, tem direcionado seus esforços para disseminar uma visão não fragmentada da questão da energia, necessária para estabelecer uma das bases de um modelo diferente de desenvolvimento humano, que se volte à equidade e à harmonia ambiental.

Essa preocupação, que tem orientado suas ações nos campos profissional e educacional, está claramente presente nos temas abordados neste livro, no qual a energia, as matrizes energéticas e outros temas importantes associados são enfocados de uma forma ampla que ressalta os aspectos multidisciplinares.

Dessa forma, o papel fundamental da energia no contexto de um novo paradigma para o modelo de desenvolvimento humano, os problemas ambientais associados a esse modelo e a necessidade de uma visão integrada permeiam, ao longo deste livro, todo o desenvolvimento e o tratamento das questões técnicas, tecnológicas, econômicas e sociais da produção e utilização de energia pela humanidade.

Prefácio

Há pessoas que foram dotadas de uma admirável capacidade de tornar o conhecimento considerado complexo (geralmente em face da dificuldade para absorvê-lo) em uma agradável leitura; fica a sensação de que a simplicidade no tratamento da questão é proporcional à sua complexidade. Mais surpreendente é que isso se dê sem o menor prejuízo da extrema profundidade conceitual. Quando ainda aprimoram ao longo da vida essa prática, como é o caso, o produto é comparável àqueles vinhos de boa safra adequadamente envelhecidos.

Uma dessas pessoas, com quem tive o privilégio de conviver durante mais de quatro décadas, é Lineu Belico dos Reis, que nos brinda agora com mais uma obra fundamental e contemporânea, inovando em um tema da máxima importância.

O desafio de gerenciar recursos naturais cada vez mais escassos de forma consistente com o conceito de desenvolvimento, orientando-o a uma condição sustentável, está cada vez mais presente no dia a dia de cada um de nós, constituindo-se no principal e mais atual problema da humanidade.

Nesse cenário, a energia ocupa uma posição importante, configurando, em conjunto com os recursos hídricos e o tratamento de resíduos, uma tríade estratégica que orientará o direcionamento da organização e sobrevivência humana nos próximos anos e no milênio em andamento.

É neste contexto que se deve ressaltar a importância deste novo livro de Lineu Belico dos Reis. Ao trazer uma visão da matriz energética, sob a ótica de sua experiência em cursos e trabalhos de características multidisciplinares, o autor produziu uma base de conhecimento e reflexão num setor tão abrangente quanto complexo, como é o setor energético. Conhecimento e reflexão que se tornam mais evidentes e concretos nos exercícios que acompanham cada capítulo do livro.

Ao abordar as matrizes energéticas de forma ampla, relacionando-as a práticas de gestão e planejamento e a políticas energéticas, deixou clara a importância não só do tema, como também da necessidade do estabelecimento de estratégias de longo prazo para enfrentar os desafios associados ao uso de recursos naturais num paradigma sustentável de desenvolvimento.

É importante ressaltar a preocupação do autor em trabalhar com informações práticas das versões mais importantes e confiáveis de matrizes energéticas nos níveis nacional e internacional, permitindo ao leitor o conhecimento de fontes de dados e informações usualmente utilizadas apenas por aqueles mais diretamente envolvidos com questões associadas à matriz energética.

Ao expandir o conceito da matriz energética, integrando outros recursos naturais como a água e os resíduos, o autor apresenta uma alternativa de tratamento integrado de recursos, que adiciona-se a outras metodologias orientadas ao mesmo objetivo.

Com esta obra, escrita de forma tão amigável e próxima ao dia a dia de cada um de nós e, por essa razão, de simples entendimento, Lineu Belico dos Reis seguiu os objetivos que ele mesmo propôs na Apresentação do seu livro: buscar a democratização da informação e a transparência, sem as quais não será possível construir um futuro sustentável para nosso mundo.

Apreciem!

Aderbal de Arruda Penteado Junior

Professor doutor da Escola Politécnica da Universidade de São Paulo

Introdução

Este livro foi elaborado com o intuito de atender alguns dos objetivos básicos da construção de um modelo sustentável de desenvolvimento: a democratização da informação e a transparência.

Além (e talvez por causa) disso, um motivo se ressalta entre os vários que levaram o autor a se dedicar a esta obra que está fortemente ligado à sua experiência educacional em cursos de graduação de Engenharia Ambiental na Escola Politécnica da Universidade de São Paulo e em diversos cursos de especialização (pós-graduação em Lato Sensu e MBAs) de caráter multidisciplinar: grande parte dos alunos sempre se mostrou espantada, ou seria melhor dizer, surpresa, com a simplicidade de certos conceitos usualmente utilizados e apresentados como um domínio de iniciados e, sobretudo, com a grande disponibilidade de informações sobre o assunto em publicações e sites confiáveis de acesso fácil e aberto na internet.

Um conhecimento profundo de certos aspectos da questão (energética, no caso), certamente requer formações específicas, como em qualquer área do saber. No contexto em que se insere o tema aqui abordado, diversos desses aspectos podem ser citados, tais como conceitos básicos dos sistemas de energia elétrica (sistemas em corrente contínua e corrente alternada, fator de potência e potência reativa, sistemas trifásicos, e assim por diante) e de termodinâmica (leis básicas, ciclos termodinâmicos, funcionamento de centrais termelétricas e sistemas de propulsão, entre outros).

Mas, no contexto multidisciplinar, não se pode nem se deve esperar que todos precisem entender de tudo: o importante é o conhecimento dos conceitos e fontes de informação básicas, a visão de equipe e integração, e a construção e encampação de objetivos comuns. A experiência do autor nas aulas e na integração com os alunos dos cursos acima citados tem mostrado que isso é possível em um processo de abertura e aprendizado em comum, digno de ser incorporado em uma lista que possa ser eventualmente construída de ações voltadas à sustentabilidade.

Tudo isso forma o pano de fundo sobre o qual se insere e deve ser apreciado este livro, mas tendo sempre em mente as dificuldades e os dilemas associados à documentação, em alguma forma de mídia, de qualquer experiência de vivência e troca de ideias humanas. Dificuldades e dilemas que o autor tem certeza não ter superado todos, mas também tem a consciência de ter dado o melhor de si na tarefa de tentar fazê-lo.

Nesse contexto, o livro foi concebido em quatro capítulos, enfocando os seguintes temas: "Recursos energéticos e utilização da energia"; "Planejamento e políticas energéticas, balanço energético e prospecção da matriz energética"; "Matrizes energéticas em âmbito global e nacional: fontes de dados e tendências"; e "Matriz energética local, gestão energética, planejamento estratégico e matriz de recursos".

Uma visão sumarizada do que é tratado em cada capítulo é apresentada a seguir, devendo-se ressaltar que todos os capítulos incluem, ao final, um conjunto de "Exercícios", concebidos de forma a induzir o leitor à busca de novas informações e à prática do espírito crítico.

No Capítulo 1, são enfocadas inicialmente as cadeias energéticas, com conceitos básicos do tema tratado pelo livro. Em seguida, enfoca-se o setor do petróleo, o gás natural, o setor carbonífero, a energia nuclear e os recursos energéticos renováveis já tradicionais ou com maior possibilidade de aplicação no médio prazo: energias solar, hidráulica, eólica, da biomassa, oceânica, geotérmica e do hidrogênio, com uma abordagem dos principais aspectos da cadeia energética associada, desde a captura dos recursos naturais até o consumo. Nesse contexto, o setor de energia elétrica é abordado separadamente, por causa de suas características específicas e de sua importância como forma secundária de energia e como parte significativa da matriz energética. Por fim, são enfocados os indicadores energéticos de grande importância para o diagnóstico e o monitoramento da evolução dos cenários energéticos.

No Capítulo 2, primeiro, são enfocados o planejamento e as políticas energéticas, apresentando uma visão macro do planejamento do setor energético e focalizando metodologias de planejamento, com ênfase na técnica de cenários, assim como uma visão crítica das políticas energéticas que podem ser reconhecidas no Brasil. Em seguida, enfoca-se o balanço energético desenvolvido anualmente no país, assim como a prospecção da matriz energética, enfatizando a identidade dos conceitos básicos. Na continuação, apresenta-se o Balanço Energético Nacional (BEN), a matriz energética brasileira, com ênfase nos principais conceitos e conteúdo, assim como um resumo de resultados importantes do Balanço Nacional de 2008, incluindo dados relativos a 2007. Aborda-se, finalmente, a prospecção da matriz energética do Brasil, o Plano Nacional de Energia (PNE), com ênfase nas suas principais características e nos seus resultados mais importantes.

O Capítulo 3 apresenta as principais fontes de informação associadas à matriz energética, tanto em âmbito internacional quanto nacional, com o objetivo de proporcionar ao leitor a possibilidade de acessar e buscar dados energéticos de interesse, assim como informações atualizadas e confiáveis sobre as principais questões relacionadas ao tema. São enfocadas ainda as matrizes energéticas e outras informações em âmbito global da IEA e da EIA-DOE. Em seguida, enfoca-se o cenário energético atual, tanto em termos mundiais como nacionais, dando-se ênfase à oferta e ao consumo, assim como aos diversos setores energéticos já apresentados no Capítulo 1. Depois, são apresentadas, e sucintamente comentadas, as tendências apontadas pelas prospecções das matrizes energéticas efetuadas pelas referidas instituições.

O Capítulo 4 trata da utilização dos conceitos básicos das matrizes energéticas, usualmente associadas à energia em âmbito mundial, nacional e regional, em áreas com contornos bem mais delimitados, tais como unidades industriais, comerciais e residenciais. Nesse contexto, o capítulo também trata das possíveis relações entre as referidas matrizes com programas de gestão energética e planejamento estratégico (ou plano diretor) das áreas enfocadas. Além disso, enfoca-se ainda a possibilidade de expansão dos conceitos das matrizes energéticas para envolver outros recursos naturais, além da energia, o que é feito por meio da apresentação dos principais aspectos e resultados de um trabalho, nessa linha, que utilizou como exemplo uma residência.

Com esta concepção e o desenvolvimento efetuado em cada capítulo do livro, o autor considera ter cumprido, dentro das limitações apontadas ao início desta introdução, seus objetivos básicos: a democratização da informação e a transparência no tratamento de assuntos de interesse geral para a construção de um futuro sustentável.

1 Recursos energéticos e utilização de energia

INTRODUÇÃO

Como o entendimento adequado da matriz energética e até mesmo de sua forte relação com a determinação de estratégias e políticas requer certo conhecimento dos diversos recursos energéticos disponíveis e passíveis de uso no cenário tecnológico atual da humanidade, assim como de sua utilização, este capítulo inicial pretende abordá-los detalhadamente.

Inicia-se por apresentar a conceituação de cadeias energéticas, básica para o tema enfocado neste livro. Nessa apresentação, são introduzidos os conceitos mais importantes para um bom entendimento, não só da própria cadeia energética, como também da matriz.

Em seguida, no cenário dos recursos naturais, são enfocados o setor do petróleo, o gás natural, o setor carbonífero, a energia nuclear e os recursos energéticos renováveis já tradicionais ou com maior possibilidade de aplicação a médio prazo – energias solar, hidráulica, eólica, da biomassa, oceânica, geotérmica e do hidrogênio. Para cada recurso natural, além de se abordar os principais aspectos da cadeia energética associada, desde a captura dos recursos naturais até o consumo (retratado pelos diversos usos finais), procura-se enfatizar os principais aspectos e características relacionados com a indústria da energia, por meio de uma abordagem aberta e introdutória. Cada recurso, na realidade, é um mundo a ser estudado e absorvido, e não há aqui necessidade nem pretensão de ir além do ponto que permite o entendimento da matriz energética.

Assim, o leitor é introduzido no cenário geral e atual dos referidos recursos energéticos para compreender melhor a matriz e até mesmo para permitir e orientar um maior aprofundamento no assunto, se desejado.

Nesse contexto, o setor de energia elétrica é abordado separadamente, por causa de suas características específicas e de sua importância como forma secundária de energia e como parte significativa da matriz energética.

Em seguida, enfoca-se os indicadores energéticos, que são de grande importância para o diagnóstico e o monitoramento da evolução dos cenários energéticos.

Finalmente, são apresentados alguns exercícios para reflexão de forma a induzir o leitor à busca de novas informações e à prática do espírito crítico.

CADEIAS ENERGÉTICAS

De uma forma geral, pode-se entender por cadeia energética o conjunto de atividades associado à produção e ao transporte de energia vinculada a certo recurso natural até os diversos pontos onde se dá o consumo final.

Uma representação bastante completa e genérica da cadeia energética é apresentada na Figura 1.1; esta reproduz a estrutura geral seguida pelo Balanço Energético Nacional (BEN), que será tratado mais especificamente no Capítulo 2. Deve-se ressaltar aqui que essa estrutura se encontra, de certo modo, dimensionada para a maioria dos recursos energéticos. Em sua forma mais completa, como a apresentada, ela está adequada ao setor energético mais complexo atualmente: o do petróleo.

Conceitos importantes para o bom entendimento da Figura 1.1 são apresentados a seguir.

Energia primária

São os produtos energéticos providos pela natureza e passíveis de utilização imediata, como petróleo, gás natural, carvão mineral, resíduos vegetais e animais, energia solar, eólica etc.

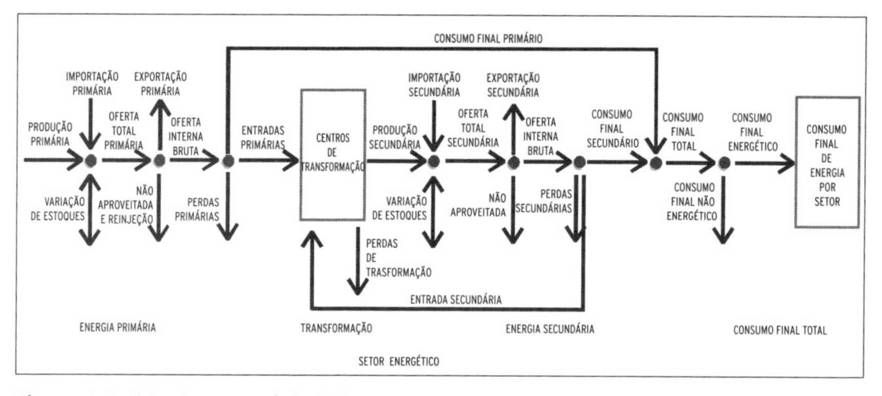

Figura 1.1: Estrutura geral do BEN.

Fonte: Balanço Energético Nacional.

As principais *fontes de energia primária* são: petróleo, gás natural, carvão vapor, carvão metalúrgico, urânio (U^{3O8}), energia hidráulica, lenha e produtos da cana-de-açúcar (melaço, caldo de cana e bagaço). Os resíduos vegetais e industriais para geração de vapor, calor etc., no BEN atual, são considerados *outras fontes de energia primária*.

Energia secundária

São os produtos energéticos resultantes dos diferentes centros de transformação dos recursos primários e que têm como destino os diversos setores de consumo e, eventualmente, outro centro de transformação.

São *fontes de energia secundária*: óleo diesel, óleo combustível, gasolina (automotiva e de aviação), GLP, nafta, querosene (para iluminação e de aviação), gás (de cidade e de coqueria), coque de carvão mineral, urânio contido no UO2 dos elementos combustíveis, eletricidade, carvão vegetal, álcool etílico (anidro e hidratado) e outras fontes secundárias de petróleo (gás de refinaria, coque etc.). O alcatrão obtido na transformação do carvão metalúrgico em coque também é outra fonte de energia secundária. É importante ressaltar a presença da eletricidade entre essas fontes, pois a mesma é obtida somente após a transformação de um recurso energético primário.

Deve-se ressaltar também a existência de produtos resultantes dos centros de transformação que não têm utilização energética. Exemplos típicos são os *produtos não energéticos do petróleo*, os quais são derivados de petróleo e, mesmo tendo significativo conteúdo energético, são utilizados para outros fins (graxas, lubrificantes, parafinas, asfaltos, solventes etc.).

Oferta de energia

É a quantidade total de energia que se coloca à disposição para ser transformada e/ou para o consumo final.

Em uma cadeia energética geral, a oferta de energia deve considerar não apenas os recursos providos internamente em um país (região, unidade energética), como também as diferentes trocas com outros atores do cenário energético e os aspectos estratégicos, relacionados, por exemplo, ao gerenciamento de estoques.

Conceitos importantes a serem considerados nesse sentido, são:

- *Produção* – energia primária que se obtém de recursos minerais, vegetais e animais (biogás), hídricos, reservatórios geotérmicos, sol, vento, marés.
- *Importação* – quantidade de energia primária e secundária proveniente do exterior, que entra no país e constitui parte da oferta.
- *Variação de estoques* – diferença entre o estoque inicial e o final em um dado período. Um aumento de estoques em um determinado período significa uma redução na oferta total.
- *Oferta total* – corresponde ao balanço quantitativo da produção, importação e variação de estoques.
- *Exportação* – quantidade de energia primária e secundária que se envia ao meio exterior.
- *Energia não aproveitada* – quantidade de energia que, por condições técnicas ou econômicas, atualmente não está sendo utilizada.
- *Reinjeção* – quantidade de gás natural que é reinjetado nos poços de petróleo para uma melhor recuperação do hidrocarboneto.
- *Oferta interna bruta* – quantidade de energia que se coloca à disposição para ser submetida aos processos de transformação e/ou consumo final.

Transformação

É o setor que agrupa todos os centros de transformação onde a energia que entra (primária e/ou secundária) se converte em uma ou mais formas de energia secundária, incluindo suas correspondentes perdas na transformação.

É formado por:

- *Centros de transformação* – refinarias de petróleo, plantas de gás natural, usinas de gaseificação, coquerias, ciclo do combustível nuclear, centrais elétricas de serviço público e autoprodutoras, carvoarias e destilarias. Inclui também *outras transformações*, tais como os efluentes (produtos energéticos) produzidos pela indústria química, quando do processamento da nafta e outros produtos não energéticos de petróleo.
- *Transformação total* – é a soma dos centros de transformação.

Perdas

As *perdas na distribuição e armazenagem* correspondem aos extravios ocorridos durante as atividades de produção, transporte, distribuição e armazenamento de energia. Como exemplos, podem-se destacar: perdas em gasodutos, oleodutos, linhas de transmissão de eletricidade e redes de distribuição elétrica. Não se incluem aqui as perdas nos centros de transformação, que são consideradas nos referidos centros.

Consumo final

Inclui os diferentes setores da atividade socioeconômica do país (região ou unidade energética), para onde convergem as energias primária e secundária, configurando o consumo final de energia.

Conceitos importantes são:

- *Consumo final* – energias primária e secundária disponíveis para serem usadas por todos os setores de consumo final, incluindo o consumo final energético e o não energético. Corresponde à soma do consumo final não energético e energético.
- *Consumo final não energético* – quantidade de energia contida em produtos que são utilizados em diferentes setores para fins não energéticos.
- *Consumo final energético* – no caso do BEN, agrega o consumo final dos setores energético, residencial, comercial, público, agropecuário, transportes (rodoviário, ferroviário, aéreo e hidroviário), industrial (cimento, ferro-gusa e aço, ferro-

ligas, mineração/pelotização e não ferrosos/outros da metalurgia, química, alimentos e bebidas, têxtil, papel e celulose, cerâmica e outros) e consumo não identificado. Em outros casos, agrega o consumo final dos setores componentes da região ou da unidade enfocada.

- *Consumo final do setor energético* – energia consumida nos centros de transformação e/ou nos processos de extração e transporte interno de produtos energéticos em sua forma final.
- *Consumo não identificado* – corresponde ao consumo que, pela natureza da informação compilada, não pode ser classificado em nenhum dos setores anteriormente descritos.

Produção de energia secundária

Corresponde à soma dos valores positivos referentes aos centros de transformação.

Deve ser observado que a produção de energia secundária aparece no bloco relativo aos centros de transformação, visto que ela toda é proveniente da transformação de outras formas de energia.

Uma vez conceituadas as cadeias energéticas, são enfocados a seguir, com ênfase nos principais componentes das respectivas cadeias, os principais setores energéticos do cenário atual brasileiro: petróleo, gás natural, carvão mineral, energia nuclear e os recursos renováveis – energia solar, hidráulica, eólica, da biomassa, oceânica, geotérmica e do hidrogênio.

SETORES ENERGÉTICOS E SUAS CADEIAS – DA OFERTA AO CONSUMO

A seguir, são apresentados os componentes das cadeias dos principais setores energéticos: o setor de petróleo, o setor de gás natural, o setor carbonífero, a energia nuclear e o setor de energia elétrica, incluindo um enfoque dos recursos naturais renováveis de grande importância no cenário atual de busca de sustentabilidade.

O SETOR DE PETRÓLEO

O que é o petróleo

O petróleo é encontrado no subsolo, junto do gás natural e da água. O petróleo e o gás natural são uma mistura de hidrocarbonetos (compostos de hidrogênio e carbono) de diversos tipos, na qual há também presença de enxofre e traços de outros elementos químicos. Na composição do petróleo, o carbono representa entre 83 e 86% da massa e o hidrogênio entre 11 e 13%.

A teoria mais difundida (e aceita) sobre a formação do petróleo é a da matéria orgânica depositada em bacias sedimentares que, com a ação do tempo, do calor e das pressões das rochas, deu origem ao petróleo e ao gás natural. Para a sua formação, são necessárias: a matéria orgânica acumulada e a existência de uma rocha de formação, de rochas acumuladoras e de outra (chamada de "armadilha" ou "trapa") que impeça o escoamento dos hidrocarbonetos do reservatório. Os hidrocarbonetos são encontrados no interior de rochas porosas e não em um leito contínuo.

As características do petróleo variam de acordo com as condições geológicas de sua formação. Na indústria, denomina-se como província petrolífera uma determinada região produtora, com uma reunião de campos de petróleo e/ou gás natural, sendo cada campo de petróleo uma área produtora com vários poços.

Há diferenças significativas entre as jazidas, assim o petróleo é classificado basicamente em três características: base, densidade e teor de enxofre.

Base

Considera-se a classificação dos óleos em função dos tipos de hidrocarbonetos predominantes. Nos óleos de base *parafínica*, predominam os hidrocarbonetos saturados, como metano, propano e butano, e o resíduo é uma substância cerácea. Os óleos de base *naftênica* têm hidrocarbonetos cíclicos saturados e apresentam um resíduo asfáltico. Nos óleos com base *aromática*, há hidrocarbonetos cíclicos não saturados, como o benzeno e o tolueno, sendo estes (havendo facilidade) propícios para a produção de derivados utilizados na petroquímica.

Densidade

Há uma classificação dos óleos pela sua densidade, para a qual se utiliza o grau do American Petroleum Institute (API). Os óleos são classificados como leves (acima de 30° API, cerca de 0,72 g/cm^3), médios (entre 21 e 30° API) e pesados (abaixo de 21° API, cerca de 0,92 g/cm^3). Os óleos leves são mais valorizados porque permitem uma produção maior de derivados leves, como a gasolina e o GLP, sem a necessidade de investimentos adicionais nas refinarias.

Teor de enxofre

Os óleos são classificados como "doces" (*sweet*), quando apresentam baixo conteúdo de enxofre (menos do que 0,5% de sua massa), ou "ácidos" (*sour*), quando apresentam teor mais elevado. Os óleos com menor teor de enxofre são os preferidos, pois este é um elemento poluidor, responsável pela chuva ácida.

Reservas e recursos

As *reservas* de petróleo são definidas como o volume que se pode extrair de uma jazida pelos métodos conhecidos, de forma viável do ponto de vista econômico. As parcelas que, tecnicamente, podem ser extraídas, cuja recuperação econômica é inviável em um dado momento, são classificadas como *recurso*. Do total do volume de petróleo contido em uma jazida, apenas uma parte (em torno de 30%) é, em geral, recuperável; das jazidas de gás natural, é possível extrair um montante superior (chega até a 80%). Os números declarados de reservas referem-se aos volumes recuperáveis e não ao total existente nas jazidas. Com o aperfeiçoamento de tecnologias de recuperação e a variação do cenário econômico, é possível "aumentar" as reservas. Nos últimos anos, parte do aumento das reservas mundiais deve-se ao incremento da taxa de recuperação do óleo de jazidas descobertas anteriormente.

As reservas são classificadas de acordo com o grau de informação disponível sobre a área. As *reservas provadas* são definidas como os volumes que podem ser extraídos de poços perfurados e já provados. As *reservas prováveis* resultam do volume considerado recuperável e que está nos mesmos campos onde já foram feitos poços. As *reservas possíveis* são os volumes que se estima poder produzir em campos onde foram feitos estudos sísmicos e de correlações com campos próximos, já estudados detalhadamente. As reservas totais incluem volumes com menor grau de conhecimento (as *reservas não definidas*) e cuja recuperação é inviável economicamente (as *reservas não econômicas* ou *recursos*).

Os critérios para a classificação das reservas variam. Os mais utilizados são o da norte-americana Society of Petroleum Engineers (SPE).

A indústria do petróleo no Brasil

Visão geral

De forma geral, os processos componentes da indústria do petróleo e gás natural são divididos no que se pode denominar grandes áreas, que por sua vez, podem ser identificadas como subdivisões da cadeia energética total, considerada desde a identificação dos locais de existência da fonte primária de energia, passando pela utilização final dos produtos pelo consumidor, até as diversas transformações e transportes ao longo da cadeia.

Nesse contexto, é possível identificar as três grandes áreas denominadas *upstream, middlestream* e *downstream*. Muitas vezes, consideram-se apenas as áreas *upstream* e *downstream* (embutindo-se neste a *middlestream*).

Essas áreas compreendem as seguintes atividades principais, descritas no Quadro 1.1 e nas Figuras 1.2 a 1.4.

Quadro 1.1: Áreas do setor do petróleo

ÁREA	ATIVIDADES
Upstream	▪ Pesquisa ou prospecção ▪ Perfuração/recuperação ▪ Desenvolvimento/produção
Middlestream	▪ Transporte de *upstream* até refino (unidade de processamento) ▪ Importação/exportação ▪ Refino ▪ Transporte de refino (unidade de processamento) até *downstream*
Downstream	▪ Terminais/bases ▪ Transporte/distribuição ▪ Indústria petroquímica

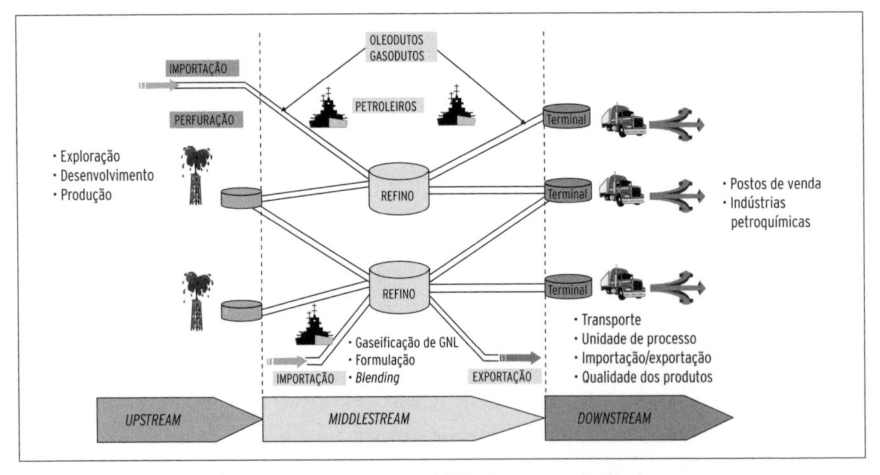

Figura 1.2: Divisão do setor: *upstream*, *middlestream* e *downstream*.

Fonte: Reis et al. (2005).

Descrição das áreas do setor de petróleo

A seguir, como uma referência básica, apresenta-se uma descrição simplificada das características das atividades de cada grande área.

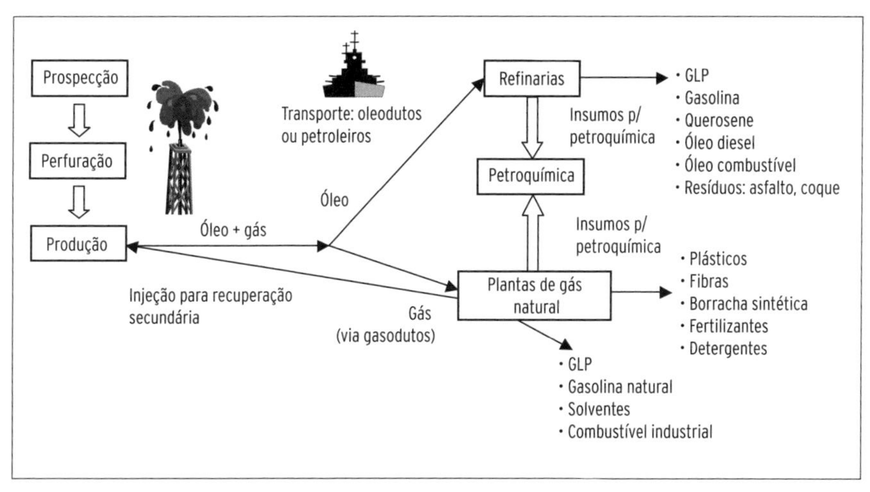

Figura 1.3: Diagrama da cadeia produtiva do setor de petróleo.

Fonte: Reis et al. (2005).

Upstream

Pesquisa ou prospecção

Compreende todas as atividades relativas à procura e ao dimensionamento de estoques da fonte primária de energia – no caso o petróleo –, assim como o gás natural associado ou não, quando existente.

Diversas técnicas são consideradas na pesquisa ou prospecção, entre elas, pode-se salientar a importância da Fotogeologia e da própria Geologia, nas quais despontam as técnicas apresentadas no Quadro 1.2.

Quadro 1.2: Principais técnicas de pesquisa e prospecção

CIÊNCIA	MÉTODOS
Fotogeologia	Fotogrametria
	Aerofotogrametria
Geologia	Geofísica – uso de fenômenos físicos
	Métodos potenciais – gravimetria, magnético, aeromagnético
	Métodos sísmicos – cargas (explosivos), propagação de ondas, reflexão/refração, computadores
	Geoquímica
	Paleontologia
	Petrologia

Fonte: Reis et al. (2005).

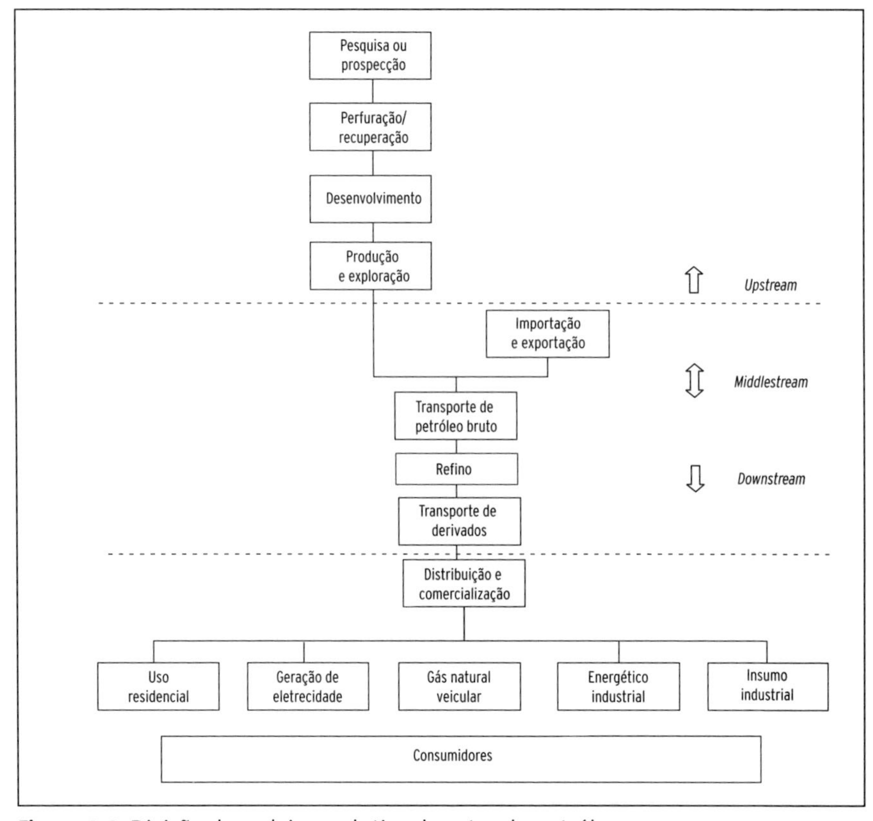

Figura 1.4: Divisão da cadeia produtiva do setor do petróleo.

Fonte: Reis et al. (2005).

Perfuração/recuperação

Corresponde a todo o complexo processo de perfuração e de recuperação utilizado nos poços e campos petrolíferos, em suas diferentes ocorrências, tais como em terra (*onshore*), no mar (*offshore*), em águas rasas ou profundas etc. A Figura 1.5 ilustra o processo.

É importante ressaltar a importância e o impacto econômico, na perfuração/recuperação, da localização do campo e do apoio logístico necessário.

A perfuração em terra é usualmente efetuada com torres de perfuração, ao passo que a perfuração no mar (em lâminas d'água de até 100 m) utiliza, em geral, plataformas autoelevávéis (*jack-ups*) e, em águas mais profundas, unida-

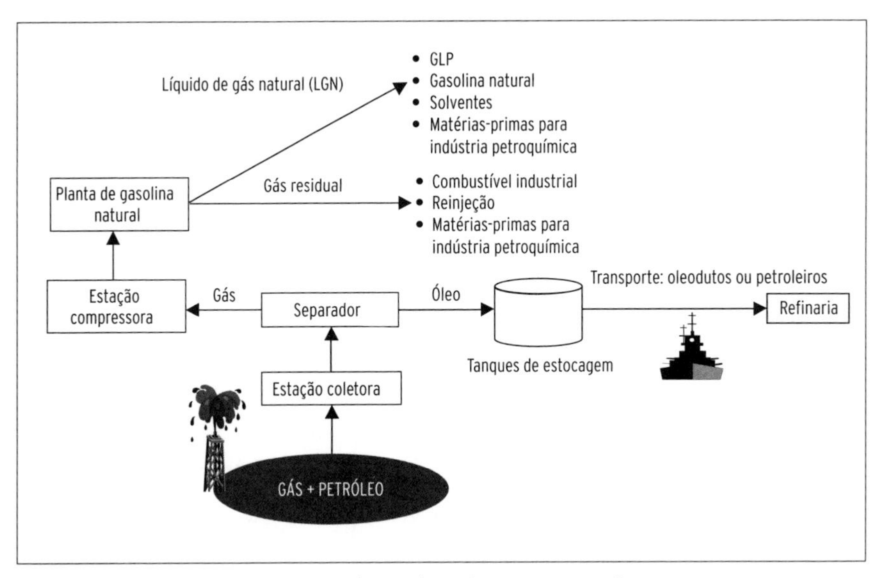

Figura 1.5: Diagrama das etapas de perfuração e recuperação.

Fonte: Reis et al. (2005).

des de perfuração flutuantes, tais como plataformas semissubmersíveis e navios-sonda, mantidos na vertical por âncoras.

A recuperação primária utiliza forças exclusivamente naturais, enquanto a recuperação secundária considera outros métodos, tais como injeção de vapor e combustão *in situ*.

Desenvolvimento/produção (completação)

Compreende todas as atividades relativas ao desenvolvimento dos poços e campos e à produção, incluindo o gás natural.

Middlestream (muitas vezes embutido na área *downstream*)

Refino

O refino do petróleo constitui-se em uma série de beneficiamentos pelos quais passa o óleo cru para a obtenção de determinados produtos, chamados derivados. Assim, refinar o petróleo é separar as frações desejadas, processá-las e industrializá-las em produtos vendáveis.

Nesse processo, os hidrocarbonetos que formam o petróleo são separados, dando origem a produtos distintos. As frações mais leves do petróleo assumem o estado gasoso, dando origem ao "gás de refinaria". Das parcelas seguintes são extraídos gasolina, nafta, GLP e querosene. Entre os derivados médios, destaca-se o óleo diesel. As parcelas pesadas resultam em óleo combustível e em asfalto.

O processo de refino, ilustrado na Figura 1.6, compreende diversas etapas, da destilação ao tratamento dos derivados. As refinarias são adaptadas para trabalhar com um tipo específico de petróleo a fim de buscar máximo rendimento (ótimo). Algumas refinarias são altamente complexas, destinadas à produção de uma vasta gama de derivados; outras, entretanto, são muito simples e produzem apenas alguns tipos de produtos.

Os principais processos do refino são:

- *Destilação* – separação do petróleo com uso de calor em torres, na qual cada fração é liberada com a temperatura. A destilação pode ser atmosférica ou a vácuo (utilizada no processamento de parcelas mais pesadas resultantes da destilação atmosférica).
- *Craqueamento (cracking)* – processo para quebrar as moléculas maiores do óleo (mais pesadas), resultando em moléculas menores (mais leves). As reações de craqueamento são aceleradas com o uso de catalisadores (substâncias que participam das reações químicas, mas não são consumidas no processo).
- *Reforma* – processo de refinação com uso de catalisadores em conjunto com variações térmicas nos reatores, cuja finalidade é transformar nafta com baixo índice de octano em outra com índice mais elevado, e produzir hidrocarbonetos aromáticos (utilizados na petroquímica).
- *Tratamento de derivados* – são processos de acabamento dos derivados para a melhoria de suas características e a retirada de componentes indesejáveis. Os processos de tratamento podem ser físicos ou químicos. A hidrogenação (ou hidrorrefino) para eliminar compostos de enxofre é um exemplo desse processo.

O Quadro 1.3 apresenta os produtos obtidos nas diversas fases da refinação.

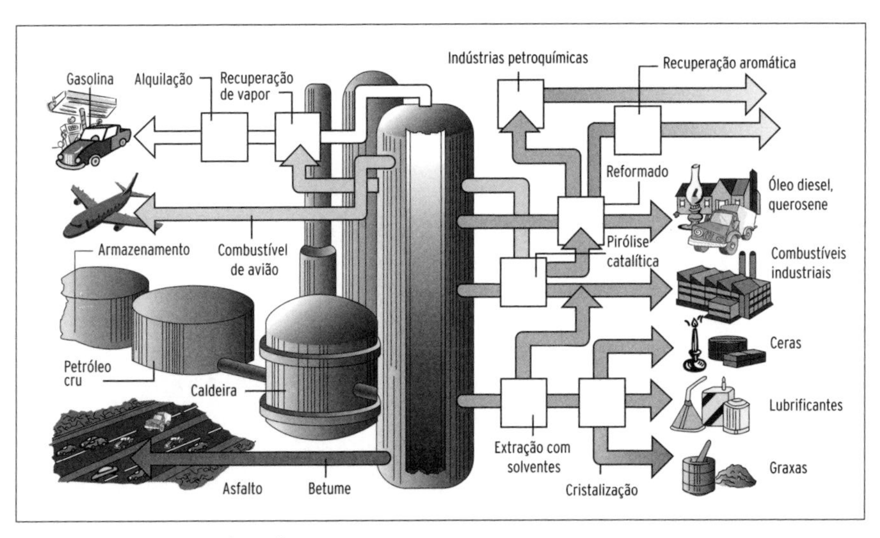

Figura 1.6: Processo de refino.

Fonte: Reis et al. (2005).

Quadro 1.3: Produtos obtidos nas diversas fases da refinação

MÉTODO	PRODUTOS OBTIDOS
Destilação primária	Gás de refinaria, gasolina, querosene, gasóleo ou diesel cru reduzido
Destilação a vácuo	Gasóleo leve, óleo combustível, frações de óleo lubrificante para refino adicional
Craqueamento térmico	
Viscorredução	
Craqueamento catalítico	
Reformação catalítica	Nafta reformada, gás rico em hidrogênio, GLP
Coqueamento retardado	Gás, gasolina, gasóleo leve, gasóleo pesado, coque
Hidrocraqueamento	GLP, nafta leve, nafta pesada, nafta, querosene, diesel, resíduo
Desasfaltização a solvente	Asfalto, óleo desasfaltado
Tratamento de derivados	
Produção de lubrificantes e parafinas	

Fonte: Reis et al. (2005).

Transporte

Compreende, no *middlestream*, tanto o transporte da área *upstream* para o refino como o do refino para o *downstream*. Esse transporte é efetuado por meio de oleodutos e petroleiros, como indicado no Quadro 1.4.

Quadro 1.4: Tipos de transporte e características

TIPO DE TRANSPORTE	CARACTERÍSTICAS
Oleodutos	▪ Possui estações de recalque intermediárias ▪ No Brasil, apresenta diâmetros de 10 a 150 cm ▪ Às vezes, pode ocorrer aquecimento no trajeto ▪ Podem ser terrestres e marítimos
Petroleiros	▪ Transporte a granel de petróleo e derivados líquidos ▪ Navios especiais: GLP, produtos químicos e petroquímicos, gás natural líquido (GNL) – navios metaneiros

Fonte: Reis et al. (2005).

Importação/Exportação

Compreendem as atividades de importação e exportação de combustíveis ou de produtos derivados, efetuadas com o objetivo de complementar as necessidades de mercado (importação) ou de colocação no mercado de produtos derivados excedentes (exportação).

Um aspecto importante a ser considerado nesse balanço com o mercado é que as unidades de processamento não apresentam flexibilidade significativa com relação à modificação de sua produção. Isso quer dizer que, muitas vezes, o aumento de produção de um produto derivado para atender à demanda pode resultar em excesso (e necessidade de exportação) de outro derivado.

Downstream

Terminais/bases

Terrestres e marítimos, conforme já citado, em que se realiza a estocagem.

Transporte/distribuição

Inclui também diversas formas de transporte para movimentar os produtos derivados dos terminais e bases até o consumidor: transporte ferroviário, fluvial e rodoviário dos mais diversos tipos, como ocorre, por exemplo, em todo o país, com o GLP, principalmente na forma de botijões.

Indústria petroquímica

Compreende um grande número de processos, gerando também um grande número de produtos com as mais diversas utilidades, inclusive industriais, conforme Quadro 1.5.

Quadro 1.5: Produtos da indústria petroquímica

PETROQUÍMICOS BÁSICOS	PRODUTOS FINAIS
Oleofinas leve e diolefinas	
Eteno	Polietileno, PVC, poliestireno, poliéster e borracha sintética
Propeno	Polipropileno, acrílico, solventes e plastificantes
Buteno	Solventes e borracha butílica
Butadieno	Borrachas sintéticas e resinas ABS
Isopropeno	Borracha de poli-isopreno
Aromáticos	
Benzeno	Nylon, poliestireno, borracha sintética e detergente
Tolueno	Solventes e poliuretanos
Xileno	Solventes, plastificantes, poliéster e PET
Outros	
Metânio	Metanol e amônia
Metanol	Solvente e aditivo de gasolina
Amônia	Fertilizantes

Fonte: Reis et al. (2005).

Os derivados do petróleo e seus usos

Os principais derivados do petróleo são apresentados a seguir, assim como seus usos.

GLP

Consiste em propano e butano ou na mistura desses hidrocarbonetos, obtido do gás natural ou pela refinação do petróleo bruto. Dotado de alto poder calorífico, é utilizado principalmente no setor residencial.

Gasolina

Líquido volátil e inflamável, é uma mistura extremamente complexa, formada de hidrocarbonetos. É obtida por meio de intrincados processos de destilação, craqueamento, reformação, entre outros que se desenvolvem nas refinarias.

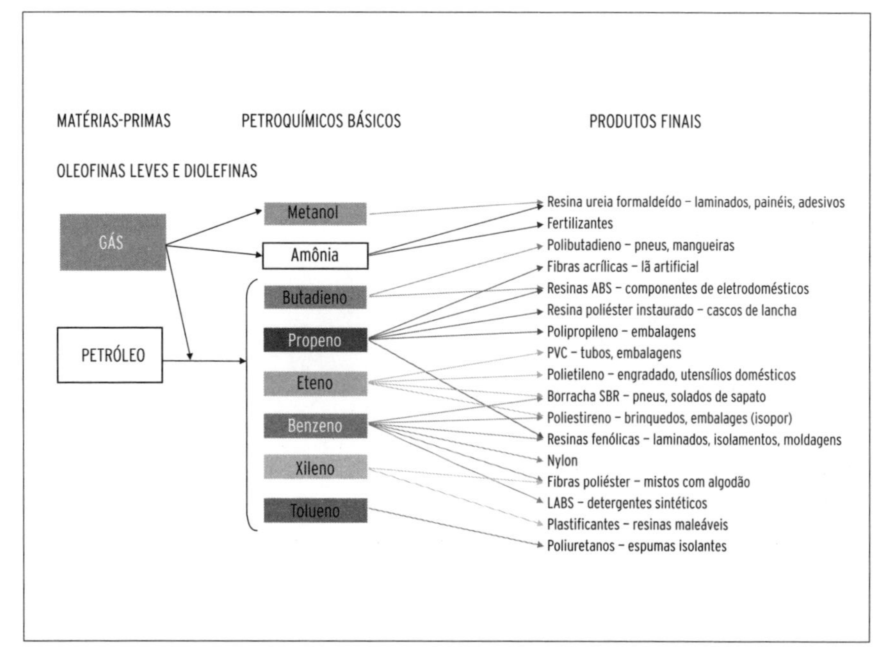

Figura 1.7: Petroquímicos básicos e produtos finais

Fonte: Reis et al. (2005).

Querosene

Intermediário entre a gasolina e o óleo diesel, é obtido por meio de destilação fracionada do óleo bruto. É largamente utilizado como combustível para turbinas de avião a jato ou turbo hélice, tendo ainda aplicações como iluminante, solvente e pulverizante.

Óleo diesel

Combustível empregado em motores que operam segundo o ciclo diesel. É um líquido mais viscoso que a gasolina, de cor que varia do amarelo ao marrom, possuindo fluorescência azul. No Brasil, há dois tipos de óleo diesel: um, utilizado em embarcações, e outro, queimado em motores de ônibus e caminhões.

Óleo combustível

O termo óleo combustível, em geral, indica produtos que são primariamente queimados para produzir calor. Em sentido amplo, a expressão abrange larga escala de produtos, que se estendem do querosene aos materiais viscosos. Pode ser originado do óleo bruto, da refinação, da destilação e das misturas de outros óleos.

Lubrificantes

Existem centenas de lubrificantes oriundos do petróleo, cada um dos quais atendendo a uma finalidade específica. Uns são líquidos, xaroposos, alguns pastosos, ou mesmo sólidos.

Parafinas

Refere-se a um produto comercial versátil, de aplicação industrial bastante ampla. Como exemplo de sua utilização, pode-se citar: impermeabilização de papéis, fabricação de vela e fósforos, gomas de mascar, revestimentos de pneus, entre outros.

Asfaltos

Materiais aglutinantes de cores escuras, constituídas de misturas complexas de hidrocarbonetos não voláteis e de elevada massa molecular. Têm origem no petróleo, no qual estão dissolvidos, e a partir dele podem ser obtidos por evaporação natural de depósitos localizados na superfície terrestre (asfaltos naturais) ou por destilação em unidades industriais.

A Figura 1.8 apresenta um quadro sintético dos derivados do petróleo e do gás natural.

O SETOR DE GÁS NATURAL

O que é gás natural

O gás natural (GN) é uma mistura de hidrocarbonetos leves, que, à temperatura ambiente e à pressão atmosférica, permanece no estado gasoso.

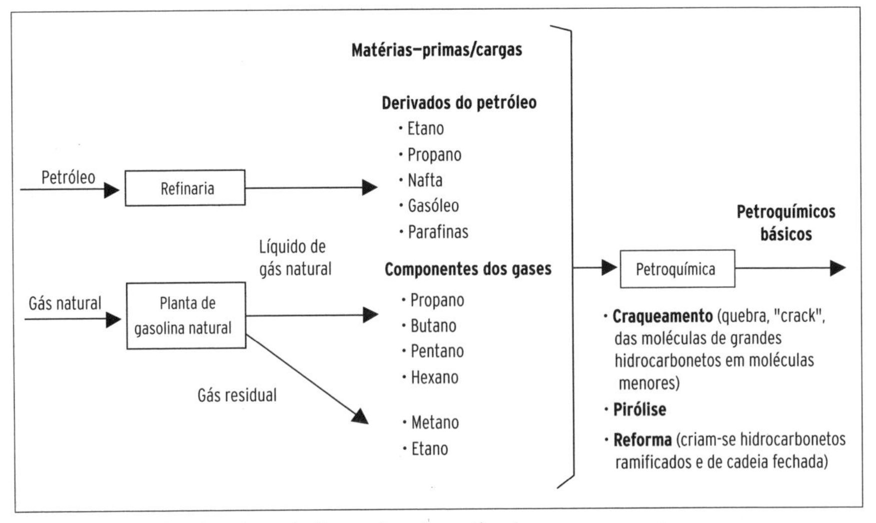

Figura 1.8: Derivados do petróleo e do gás natural.

Fonte: Reis et al. (2005).

Na natureza, é encontrado acumulado em rochas porosas no subsolo, frequentemente acompanhado por petróleo (gás associado) ou constituindo um reservatório (gás não associado).

O metano (CH_4) é o principal componente do GN.

De origem semelhante à do carvão e à do óleo, o GN é resultado de um lento processo (milhões de anos) de decomposição de vegetais e animais, em ambiente com pouco oxigênio e em condições de elevadas temperaturas e pressão.

Gás natural é o nome genérico que se dá a uma mistura de hidrocarbonetos e impurezas (gases diluentes e contaminantes), que ocorre na natureza em acumulações denominadas reservatórios. A presença de hidrocarbonetos no GN é, em geral, superior a 90%.

A composição do GN varia de acordo com a sua origem geológica. Os hidrocarbonetos que o formam são: metano, seu componente fundamental, etano, propano, butano e outros mais pesados. Os principais diluentes encontrados no GN são o hidrogênio e o vapor d'água, e seus principais contaminantes são o dióxido de carbono e o gás sulfídrico.

As impurezas presentes no GN precisam ser reduzidas ou eliminadas para evitar a obstrução e a corrosão dos gasodutos, além de ser necessário adequá-lo às especificações comerciais.

As reservas de GN, assim como as dos demais combustíveis fósseis, ocorrem necessariamente em bacias sedimentares. Entretanto, para que haja acumulação de óleo e GN nas bacias sedimentares, é indispensável a presença de determinados fatores geológicos e a sua ocorrência no tempo e na localização adequados. Para tanto, é necessária a existência de rochas geradoras, rochas-reservatório, armadilhas (trapas), rochas de cobertura (selantes) e de condições geológicas que permitam a migração dos hidrocarbonetos das rochas geradoras para as rochas-reservatório encerradas nas trapas.

O GN pode ser encontrado nos reservatórios na forma de gás livre e de gás dissolvido no óleo.

Nos reservatórios de petróleo existem, de modo geral, três extratos: água, óleo mais gás dissolvido e gás livre. Conforme a relação entre os volumes de óleo mais gás e gás livre, pode-se classificar um reservatório como sendo produtor de óleo ou produtor de gás.

Os reservatórios, cujo extrato mais importante (do ponto de vista físico e econômico) é o de óleo mais gás dissolvido, são caracterizados como reservatórios produtores de óleo, embora também produzam gás – gás associado. Em contraposição, aqueles em que o maior extrato é o de gás livre denominam-se reservatórios produtores de gás – gás não associado. Nesse último caso, por razões econômicas, em geral, não há extração de óleo.

As Figuras 1.9 e 1.10 ilustram as duas formas citadas.

Do ponto de vista da produção, o GN, ao ser extraído dos poços, é denominado rico ou úmido.

O GN úmido, proveniente dos poços (gás não associado) ou das estações coletoras (gás associado), contém, em geral, hidrocarbonetos mais pesados que o metano, que devem ser extraídos, seja por motivos comerciais, pois possuem alto valor econômico; seja por motivos operacionais, já que devem ser eliminados para tornar o gás apropriado a sua utilização como combustível ou para o seu transporte em gasodutos. Por essas razões, o GN úmido é submetido a processamentos em unidades denominadas Unidade de Processamento de Gás Natural (UPGN). Nelas vários produtos são obtidos, tais como: gás seco ou residual, etano, GLP, gasolina natural e condensados.

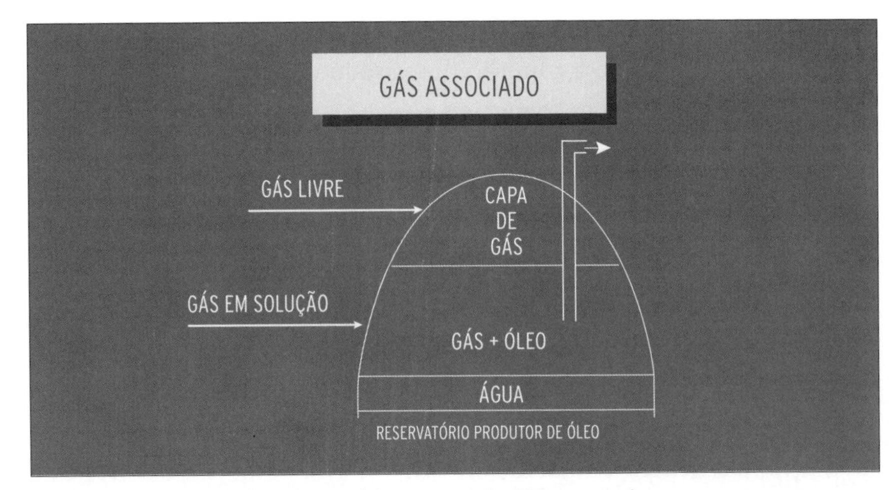

Figura 1.9: Esquema de reservatório natural de GN associado.

Fonte: Reis et al. (2005).

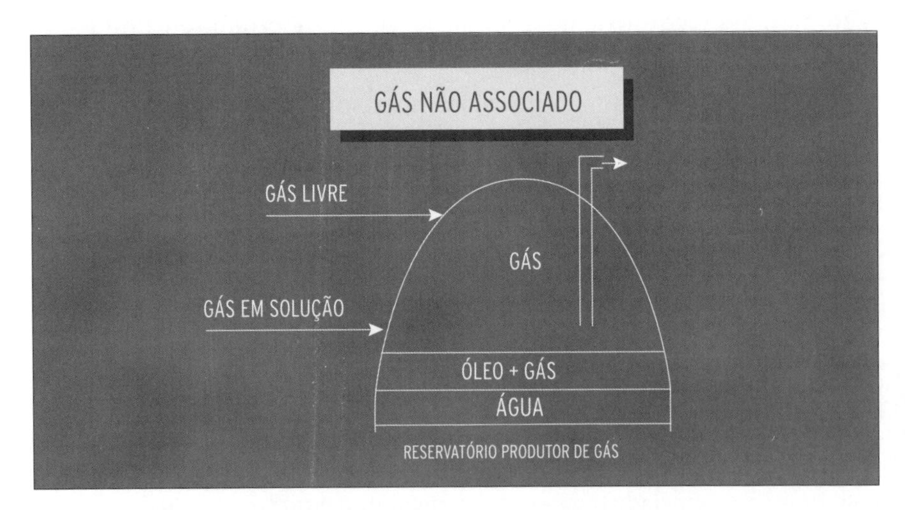

Figura 1.10: Esquema de reservatório natural de GN não associado.

Fonte: Reis et al. (2005).

O GN seco, efluente de uma UPGN, é a forma como o gás natural é usualmente consumido para fins combustíveis. GN seco é aquele em que a presença de hidrocarbonetos mais pesados do que o metano é pequena, não justificando a extração comercial dos mesmos. Por outro lado, a presença de pequenas quantidades desses hidrocarbonetos não inviabiliza sua utilização como combustível.

Dependendo de sua composição, o GN fornece, aproximadamente, de 8.000 a 12.700 kcal/kg quando submetido a um processo de queima. Além do alto poder calorífico, que supera o de energéticos como o carvão e a biomassa, o GN apresenta a vantagem de ser pouco poluente. Outra importante característica é a sua possibilidade de liquefação (gás natural liquefeito – GNL) quando submetido a temperaturas inferiores a cerca de 162°C negativos, o que viabiliza seu transporte por meio de veículos criogênicos. Na forma líquida, o volume do GN se reduz em seiscentas vezes em relação à forma gasosa.

O metano, seu principal componente, apresenta uma densidade inferior à do ar, o que torna o GN menos perigoso nos casos de vazamento, visto que se dissipa rapidamente.

Reservas

Como no caso do petróleo, têm-se:

- *Reserva provada* – o volume de GN, cuja existência nos reservatórios foi verificada com alto grau de segurança, por meio da perfuração de poços, utilizando as técnicas disponíveis – dá origem aos investimentos de desenvolvimento e às operações de produção comercial.
- *Reserva provável* – o volume de GN, cuja existência nos reservatórios foi verificada com razoável grau de segurança, por meio da perfuração de poços, utilizando as técnicas disponíveis.
- *Reserva possível* – o volume de GN, cuja existência nos reservatórios foi verificada com insuficiente grau de segurança, por meio da perfuração de poços, utilizando as técnicas disponíveis.

Embora se utilizem critérios geológicos e de engenharia de reservatórios para as estimativas das reservas prováveis e possíveis, para que elas possam ser reclassificadas como provadas, são necessárias pesquisas de avaliação adicionais. De modo geral, a classificação internacional de reservas é realizada dessa forma; no entanto, no Brasil, a Petrobras estabelece uma classificação mais abrangente, segmentando as reservas, quanto à economicidade, em explotáveis (quando já se dispõe de tecnologia para a produção econômica) e em não explotáveis (não definidas e não econômicas). As reservas explotáveis são aquelas que dependem, para sua extração, apenas de recursos financeiros. Reservas não definidas são aquelas cuja explotação não foi definida em decorrência das limitações das técnicas de produção, da insuficiência de dados ou da não conclusão dos estudos técnicos e econômicos. Reservas não econômicas são aquelas cuja explotação foi considerada inviável em decorrência dos resultados apresentados pelos estudos técnico-econômicos.

Por esse motivo, o código de reservas da Petrobras é considerado mais rigoroso que o padrão internacional, pois trata como não definidas as reservas que em outros países seriam as provadas, prováveis ou possíveis.

A indústria de GN no Brasil

Visão geral

Hoje, o GN consumido no Brasil provém de jazidas nacionais e da importação de gás da Bolívia. Um sistema de suprimento de GN pode ser dividido nas seguintes atividades interligadas: exploração, produção, processamento, transporte e distribuição.

O processo do GN é simples e similar ao do petróleo. O gás é extraído da terra e dos oceanos pela perfuração de poços, depois é movimentado para uma planta de processamento para, então, ser transportado por um gasoduto ou um tanque criogênico.

A Figura 1.11 ilustra a cadeia física do fluxo de GN. O fluxo comercial não necessariamente segue essa rigidez.

Descrição das áreas do setor de GN

A seguir enfoca-se cada uma das etapas da cadeia do GN.

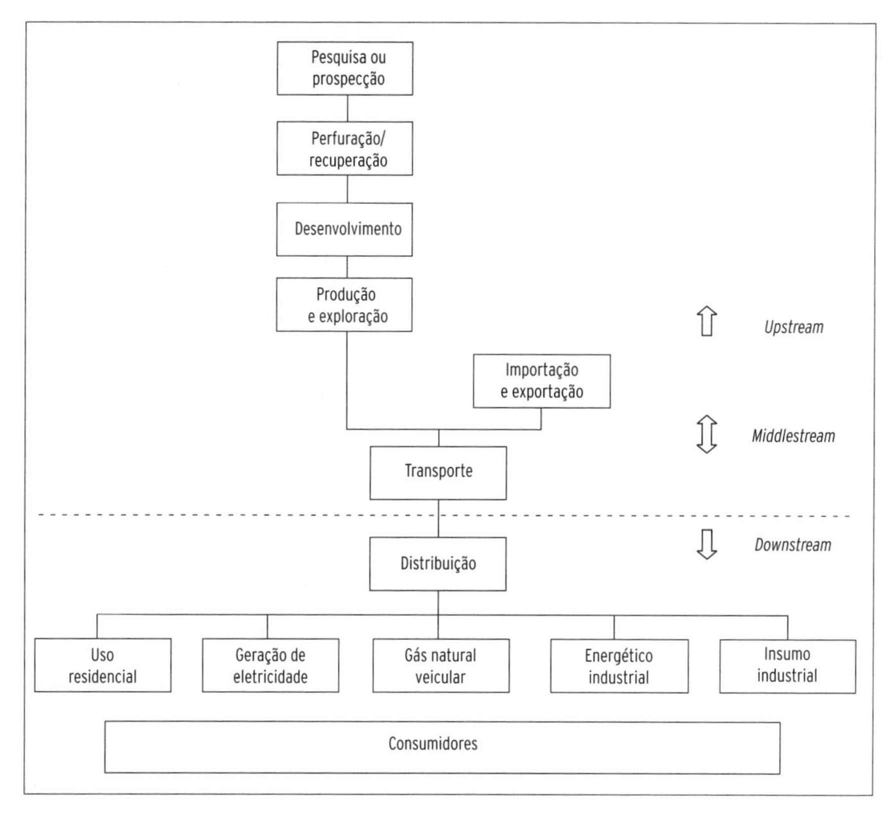

Figura 1.11: Divisão da cadeia produtiva do setor do GN.

Fonte: Reis et al. (2005).

Upstream

Exploração

A exploração é a etapa inicial do processo e consiste em duas fases: a pesquisa, na qual são feitos o reconhecimento e o estudo das estruturas propícias ao acúmulo de petróleo e/ou GN; e a perfuração do poço, para comprovar a existência desses produtos em nível comercial.

Produção

Ao ser produzido, o gás deve passar inicialmente por vasos separadores, que são equipamentos projetados para retirar a água, os hidrocarbonetos que estiverem em estado líquido e as partículas sólidas (pó, produtos de corrosão etc.). Se o gás estiver contaminado por compostos de enxofre, ele é enviado para unidades de dessulfurização, onde esses contaminantes serão retirados. Após essa etapa, uma parte do gás é utilizada no próprio sistema de produção, em processos conhecidos como reinjeção e gás lift, com a finalidade de aumentar a recuperação de petróleo do reservatório. O restante do gás é enviado para processamento, que é a separação de seus componentes em produtos especificados e prontos para utilização.

A produção do GN pode ocorrer em regiões distantes dos centros de consumo e, muitas vezes, de difícil acesso, como a floresta amazônica e a plataforma continental. Por esse motivo, tanto a produção como o transporte são, normalmente, atividades críticas do sistema. Em plataformas marítimas, por exemplo, o gás deve ser desidratado antes de ser enviado à terra, para evitar a formação de hidratos, que são compostos sólidos que podem obstruir os gasodutos. Outra situação que pode ocorrer é a reinjeção do gás no reservatório se não houver consumo para o mesmo, como na Amazônia.

Processamento

Nessa etapa, o gás segue para as unidades industriais, as UPGNs, onde ele será desidratado (isto é, será retirado o vapor d'água) e fracionado, gerando as seguintes correntes: metano e etano (que formam o gás processado ou residual); propano e butano (que formam o GLP ou gás de cozinha); e um produto na faixa da gasolina, denominado C5+ ou gasolina natural. A Figura 1.12 apresenta um esquema simplificado de uma UPGN, com representação de suas principais correntes e produtos.

Middlestream

Transporte

No estado gasoso, o transporte do GN é feito por meio de dutos ou, em casos muito específicos, em cilindros de alta pressão (como gás natural comprimido [GNC]). No estado líquido (como GNL), pode ser transportado por meio de navios metaneiros, barcaças e caminhões criogênicos, a -160°C, e seu volume é reduzido em cerca de seiscentas vezes, facilitando o armazenamento. Nesse caso, para ser utilizado, o gás deve ser revaporizado em equipamentos apropriados.

Comparado a outras fontes de energia, o transporte de GN é muito eficiente, porque a porção de energia perdida entre a origem e o destino é baixa. Gasodutos são um dos meios mais seguros de transporte e distribuição, pois são fixos e enterrados.

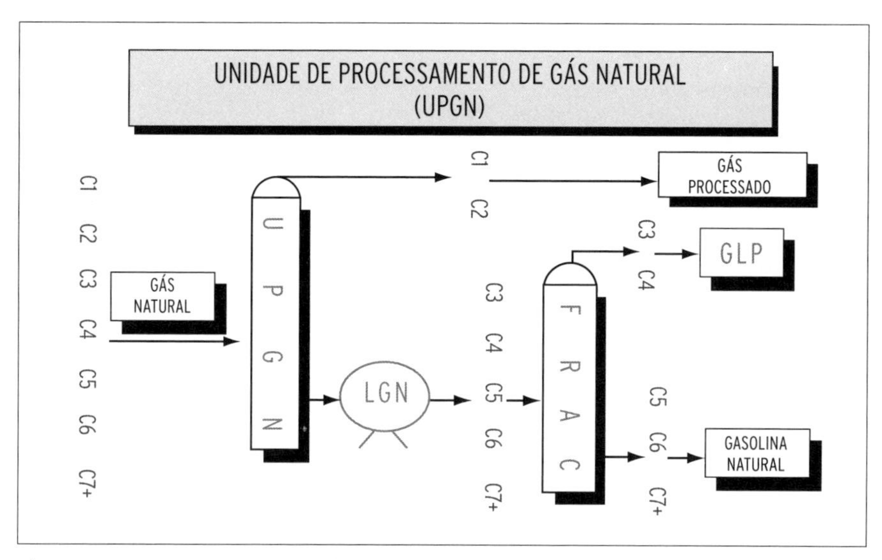

Figura 1.12: Diagrama esquemático de uma UPGN.

Fonte: Reis et al. (2005).

Gasodutos

Os gasodutos são a forma mais utilizada para o transporte de GN, conduzindo cerca de 95% do volume de gás mundial, e têm viabilidade econômica condicionada a volumes relativamente altos de consumo.

Existem três grupos principais de gasodutos: os nacionais, os internacionais e os regionais, assim como os de distribuição local. Os principais sistemas de transporte são os que levam o GN do ponto de produção às redes regionais ou grandes consumidores industriais, tais como usinas termelétricas. Depois destes, o gás é distribuído aos pequenos consumidores, como os residenciais, por meio da rede de distribuição local.

Para a construção de gasodutos, são necessários altos investimentos em infraestrutura, que compreende a construção de tubulação, estações de compressão ao longo desta e estações de abaixamento da pressão e medição do gás, conhecidas como *city-gates*.

Tubulação

Tipicamente, a tubulação tem diâmetros na faixa de 24 a 47 polegadas (61 a 119 cm), operando em altas pressões (de 40 a 100 bar).

Estações de compressão

As estações de compressão são necessárias para manter as altas pressões em que os gasodutos operam e o fluxo desejado costeando longas distâncias.

Essas estações consomem altos porcentuais de energia, que provém do próprio gasoduto, podendo chegar a 10% do gás transportado. Esse consumo se dá por meio da queima de parte do GN em grandes compressores a gás, que são usados para comprimir o gás restante.

City-Gates

Os *city-gates* são os pontos em que o gás é medido e tem sua pressão abaixada, de forma que possa ser entregue nas cidades, por meio de ramais menores de distribuição, para atendimento de concessionárias de distribuição, para o uso na indústria, na geração de energia elétrica etc.

Além de estarem presentes nos grandes polos de consumo, os *city-gates* normalmente são planejados de forma conjunta com a implantação de polos industriais como um modo de fomentar o desenvolvimento de determinadas regiões ao longo de um gasoduto.

Gasodutos internos e de interconexão

Do ponto de vista do conjunto de nações atravessadas, pode-se distinguir dois tipos básicos de gasodutos: os internos e os de interconexão com outros países, que concretizam a integração energética.

GNL

Dependendo dos pontos de produção e de consumo, o transporte do GN somente se torna viável por meio de navios metaneiros, necessitando, para isso, que o gás seja liquefeito para reduzir o seu volume. Essa opção depende de uma infraestrutura de liquefação, de transporte por via marítima ou fluvial, e de regaseificação.

A opção pelo transporte no estado líquido é feita quando os centros de produção e de consumo são separados por oceanos, ou quando as distâncias por terra não justificam economicamente a construção de um gasoduto.

O primeiro grande complexo de liquefação foi concluído em 1965, na Argélia; e, a partir de então, iniciou-se o abastecimento da França com GN.

Por causa das dificuldades para construção de gasodutos, o Japão investiu na tecnologia de toda a cadeia de GNL e se transformou no maior consumidor em todo o mundo.

Processo de liquefação

As propriedades físicas do GN só permitem a transformação para o estado líquido em baixas temperaturas ou em elevadas pressões. O transporte do GN por via marítima é efetuado no estado líquido, no qual seu volume se reduz em aproximadamente seiscentas vezes. Por razões de segurança e de economia, o gás é mantido levemente acima da pressão atmosférica e sua temperatura reduzida para -162 °C, por meio de um processo que consome grande quantidade de energia. No estado líquido, o GN é conhecido como GNL e é armazenado e transportado em navios metaneiros. Em seguida, ele é armazenado, bombeado, regaseificado e odorizado, para ser conduzido por gasodutos até os centros de consumo.

Apesar dos elevados investimentos no ciclo criogênico do GN, o custo final é competitivo, por causa do fator de escala e das grandes distâncias percorridas pelos navios metaneiros.

Navios metaneiros

Atualmente, diversos navios metaneiros navegam nos oceanos transportando o GNL; mais da metade dessa frota é destinada ao comércio japonês.

Os metaneiros são navios especialmente concebidos para o transporte do GNL com segurança máxima, de acordo com as normas estabelecidas pela Intergovernmental Maritime Consultative Organization (IMCO). A Figura 1.13 apresenta a foto de um típico navio metaneiro.

Figura 1.13: Navio metaneiro.

Fonte: Salles (2001).

Existem diversos tipos de navios metaneiros; atualmente, os navios com tanques esféricos são os preferidos pelos transportadores (Figura 1.14).

As esferas são capazes de armazenar mais de 25.000 m^3 de GNL, que representam 11.125 t. Os maiores navios contêm cinco esferas e têm capacidade para transportar mais de 125.000 m^3 ou 55.625 t.

Terminais de recebimento de GNL

Os navios metaneiros descarregam o GNL em terminais munidos de equipamentos de manuseio, armazenagem, bombeamento, regaseificação e odorização.

Calcula-se que a potência resultante da utilização da energia fria do processo de regaseificação do GNL, para a produção de eletricidade, de um terminal de liquefação que produz um fluxo de 15 milhões de metros cúbicos por dia, pode alimentar uma central termelétrica com 107,8 MW de capacidade, com custo energético praticamente igual a zero. A carga de um

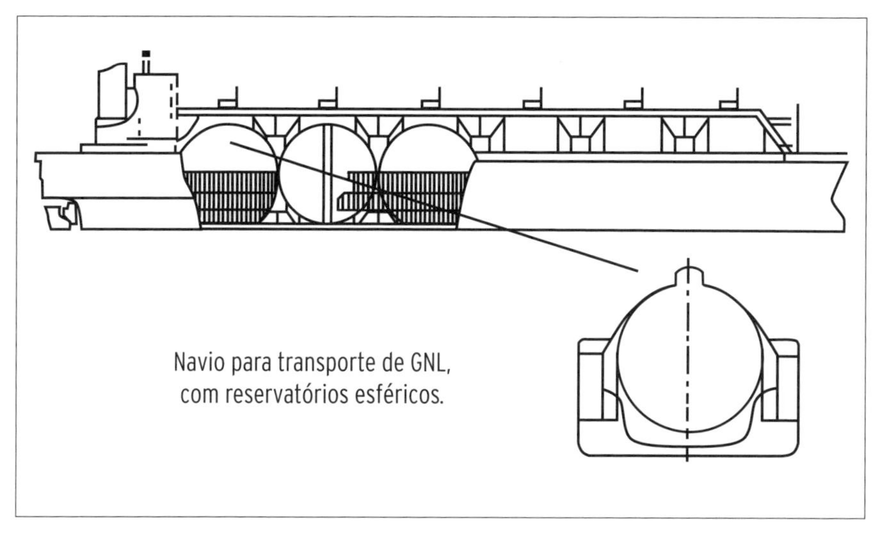

Figura 1.14: Esquema interno de um navio metaneiro com tanques cilíndricos.

Fonte: Reis et al. (2005).

navio metaneiro que transporta 125.000 m^3, se utilizada totalmente na geração termelétrica no processo de regaseificação, pode produzir 176 MW em processo contínuo, durante cinco dias.

A energia consumida nas centrais de liquefação também é recuperada nos terminais de recebimento na forma de energia fria, em processos industriais, tais como câmaras frigoríficas, fabricação de oxigênio, de dióxido de carbono e de gelo seco, e também na produção de alimentos congelados. Para possibilitar essa recuperação, os terminais de recebimento são grandes complexos industriais, envolvendo investimentos muito elevados.

Downstream

Distribuição

A distribuição é a etapa final do sistema, quando o gás chega ao consumidor, que pode ser residencial, comercial, industrial ou automotivo. Nessa fase, o gás já deve atender aos padrões rígidos de especificação, estando praticamente isento de contaminantes, para não causar problemas nos equipamentos e para ser utilizado como combustível ou matéria-prima. Quando necessário, deverá também estar odorizado para ser detectado facilmente em caso de vazamentos.

Em alguns mercados, antes de chegar aos consumidores, o gás é armazenado em reservatórios subterrâneos. Para que a indústria de GN possa atender às flutuações das demandas sazonais, normalmente, ele é alocado perto das áreas de consumo. As companhias de distribuição podem utilizar o gás armazenado em períodos de pico de demanda ou em atendimento contínuo aos seus consumidores; elas também podem vender o gás no mercado *spot* durante períodos fora de pico.

Aplicações do GN

O GN, depois de tratado e processado, é largamente utilizado em indústrias, no comércio, em residências e em veículos.

Nos países de clima frio, seu uso residencial e comercial é predominante para o aquecimento ambiental. Já no Brasil, seu uso residencial e comercial é na cocção de alimentos e no aquecimento de água.

Na indústria, o GN é utilizado como combustível para fornecimento de calor; como matéria-prima em vários setores – químicos, petroquímico, metalúrgico, de plástico, cerâmico, de vidros, farmacêutico, têxtil, de borracha e pneus, de papel e celulose, de fertilizantes; como redutor siderúrgico, na geração de força motriz e eletricidade; e mais recentemente em projetos de cogeração de alta eficiência energética.

No comércio e serviços, é utilizado em restaurantes, bares, hotéis, hospitais, shoppings e supermercados, substituindo com vantagens o GLP, o óleo diesel e a lenha. Em residências, o GN canalizado também substitui o GLP, eliminando o uso de botijões.

Na área veicular, o GN canalizado é utilizado em automóveis, ônibus e caminhões, como complemento ou substituto da gasolina, do álcool e do óleo diesel. Este tipo de aplicação, mais conhecida no Brasil como gás natural veicular (GNV), está em franca expansão, principalmente em táxis, e seu crescimento deve acompanhar a expansão da rede de distribuição de GN pelo Brasil. Crescimento similar, embora em menor volume, pode ser esperado para os automóveis particulares, associado às frotas bicombustíveis (ou de três combustíveis). Em veículos de grande envergadura (ônibus, caminhões) ainda não é rentável, mas apresenta perspectivas de aplicação em médio prazo em certas condições.

Em alguns casos, o GN canalizado pode ser destinado a pequenos negócios, tais como lanchonetes ou casas de alvenaria que não forçariam a ampliação da rede principal. Tal uso dependeria sempre do preço relativo e da disponibilidade de GLP e substitutos similares.

O SETOR CARBONÍFERO

Carvão mineral – conceituação

O carvão mineral é um combustível fóssil formado do mesmo modo que o petróleo, há milhões de anos, com a decomposição da matéria orgânica de vegetais depositada em bacias sedimentares. O material orgânico soterrado, submetido a elevadas pressões e temperaturas, e em contato com o ar, é transformado em um produto sólido, de cor escura, cuja propriedade físico-química dependente da formação geológica. Quanto maior a pressão e a temperatura a que for submetida a matéria orgânica e quanto mais tempo durar o processo, maior será a quantidade de carbono presente no material e menor a de constituintes voláteis e de oxigênio.

Os carvões podem ser classificados de acordo com o seu teor de enxofre e cinzas ou com o estágio de carbonização do material. O Quadro 1.6 apresenta esta última classificação.

As porcentagens de hidrogênio e oxigênio presentes no carvão mineral são variáveis. O carvão de melhor qualidade é o antracito, pois possui maior quantidade de carbono e menor de oxigênio e hidrogênio. O estágio mínimo para utilização industrial do carvão é o lignito.

Quadro 1.6: Classificação do carvão mineral

TIPO DE CARVÃO	CARBONO (%)	MATÉRIA VOLÁTIL (%)	CONTEÚDO CALORÍFICO (KCAL/KG)
Antracito	Acima de 86	14	7.300 – 9.100
Betuminoso	Abaixo de 86	14	6.400 – 7.800
Sub-betuminoso	Abaixo de 86	14	4.650 – 6.400
Lignito	Abaixo de 86	14	3.650 – 4.650

Fonte: Reis et al. (2005).

O carvão mineral é, com o petróleo, o combustível mais utilizado atualmente pela humanidade. Se for considerada apenas a produção de energia elétrica, seu consumo supera o do petróleo, que acaba por superar o carvão no total, por causa da sua massiva utilização no setor de transportes.

No Brasil, principalmente por causa da pouca ocorrência e da baixa qualidade do carvão disponível (baixo teor calorífico e alto teor de enxofre), assim como da disponibilidade de outros recursos naturais abundantes (sobretudo para geração de energia elétrica), a utilização do carvão mineral é bastante limitada, e grande parte ainda é usada na siderurgia (ver Capítulo 3). De forma geral, no país, encontra-se desde o lignito até o antracito, este em menor quantidade. Há ocorrências de reservas de carvão nos estados de Minas Gerais, Bahia, Pernambuco, Piauí, Maranhão, Amazonas e Acre. Porém, as reservas significativas e exploradas no Brasil são as situadas na região Sul do país, no Rio Grande do Sul, Santa Catarina e Paraná. Na região norte do estado de São Paulo também há uma pequena reserva não significativa. A Figura 1.15 ilustra a localização das reservas brasileiras.

A ENERGIA NUCLEAR

Urânio – composição, características e o ciclo do combustível nuclear

A energia nuclear utilizada por meio da fissão nuclear é a energia armazenada no núcleo dos átomos de elementos com grande massa atômica (os elementos radioativos encontrados na Terra: isótopos de urânio, tório, plutônio, entre outros), mantendo prótons e nêutrons juntos. Essa energia é fóssil, pois os elementos foram formados há cerca de 8 bilhões de anos.

A fissão nuclear utiliza a propriedade de certos isótopos do urânio de se dividirem em dois fragmentos, com liberação de grande quantidade de energia, a maioria sob a forma de energia cinética dos fragmentos. Na própria fissão, mais nêutrons são emitidos (cerca de 2,5 por fissão), o que permite manter uma reação em cadeia. O isótopo de urânio que melhor se presta a esse processo é o U_{235}, cuja abundância é de apenas 0,7% do urânio natural.

Considera-se como minério de urânio toda concentração natural de minerais em que o urânio ocorra em proporções e condições que permitam sua

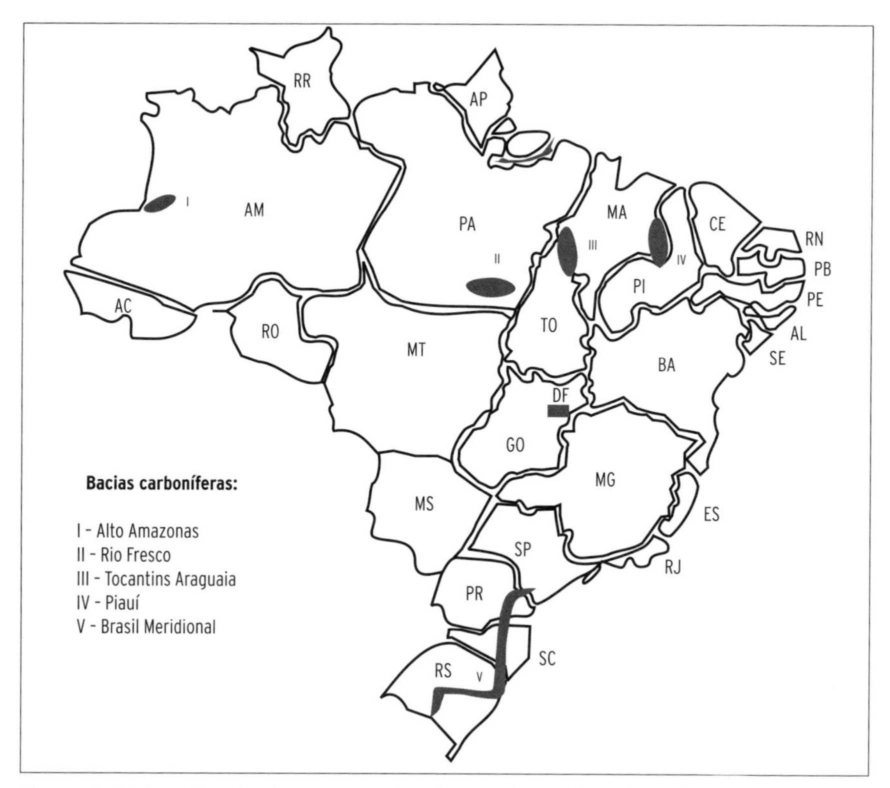

Figura 1.15: Localização das reservas brasileiras de carvão mineral.

Fonte: Reis et al. (2005).

exploração econômica. O elemento químico urânio é um metal branco-níquel, pouco menos duro que o aço, e encontra-se em estado natural nas rochas da crosta terrestre. Sua principal aplicação é na geração de energia elétrica e na produção de material radioativo para uso na medicina e na agricultura.

O urânio encontrado na natureza é constituído de uma mistura de três isótopos: 99,3% com massa 238; 0,7% com massa 235; e os traços restantes com massa 234. Esses três tipos de isótopos são radioativos, ou seja, são instáveis e, com o passar do tempo, decaem, emitindo radiação alfa e convertendo-se respectivamente nos isótopos 234, 231 e 230 do elemento tório. Estes, por sua vez, também se transmutam para outros elementos em uma longa série que termina nos isótopos estáveis de chumbo 206, 207 e 208, respectivamente. O que é aproveitado nos reatores nucleares não é a radioatividade do urânio, mas sim a propriedade de se fissionar (quebrar-se ou partir-se) e liberar grande quantidade de energia quando atingidos por um nêutron.

O fenômeno da radioatividade foi descoberto pelo físico francês Henri Becquerel em 1896. Esse fenômeno pode ser descrito de maneira simples: se um átomo tiver um núcleo muito energético, ele tenderá a se estabilizar, emitindo o excesso de energia na forma de partículas e ondas. As radiações alfa e beta são partículas que possuem massa, carga elétrica e velocidade. Os raios gama são ondas eletromagnéticas (não possuem massa), que se propagam com velocidade da luz, 300.000 km/s. O tempo necessário para que a atividade radioativa dos elementos seja reduzida pela metade da atividade inicial é denominado de meia-vida dos elementos. O Quadro 1.7 indica exemplos importantes de aplicação da radioatividade, além da geração da energia elétrica e da bomba atômica.

Quadro 1.7: Alguns exemplos de aplicação da radioatividade

Medicina	Diagnóstico, terapia, marca-passo, entre outras
Arqueologia	Determinação da idade de objetos históricos
Geologia, sedimentologia	Determinação da idade dos materiais geológicos
Hidrologia	Detecção de taxa de recarga de água no subsolo por meio de testes com bombas atômicas que liberam o elemento trício, um isótopo radioativo de hidrogênio. Também usado na detecção de falhas e infiltrações em barragens
Industrial	Radioesterilização, irradiação de alimentos, *cross-linking* de isolamentos de fios e cabos elétricos, tratamento de lama de esgotos municipais
Outras aplicações	Controle de insetos e pestes

Fonte: Reis et al. (2005).

A prospecção e a pesquisa de minerais de urânio têm por finalidade básica localizar, avaliar e medir reservas de urânio. Esses trabalhos começam com a seleção de áreas promissoras, indicadas por exame de fotografias aéreas, imagens de radar e de satélite.

O urânio, para ser utilizado como combustível em um reator nuclear para geração de eletricidade, deve ser processado em uma série de etapas; a essas etapas dá-se o nome de ciclo do combustível nuclear. A Figura 1.16

apresenta um diagrama esquemático do ciclo do combustível nuclear, cujas etapas são enfocadas, simplificadamente.

Mineração e beneficiamento

O minério é extraído da crosta terrestre utilizando técnicas de mineração a céu aberto ou subterrâneas. Em média, os minérios de urânio contêm 10 a 30 kg por tonelada de rocha extraída. Pode estar associado ao fosfato, ao molibdênio, ao zircônio e ao carvão.

No moinho, situado junto à mina, o urânio é triturado e moído até uma dispersão fina, que é lixiviada em ácido sulfúrico para separar o urânio da rocha residual. Ele é então recuperado da solução e precipitado como um concentrado de ácido de urânio (U_3O_8) conhecido como *yellow cake*.

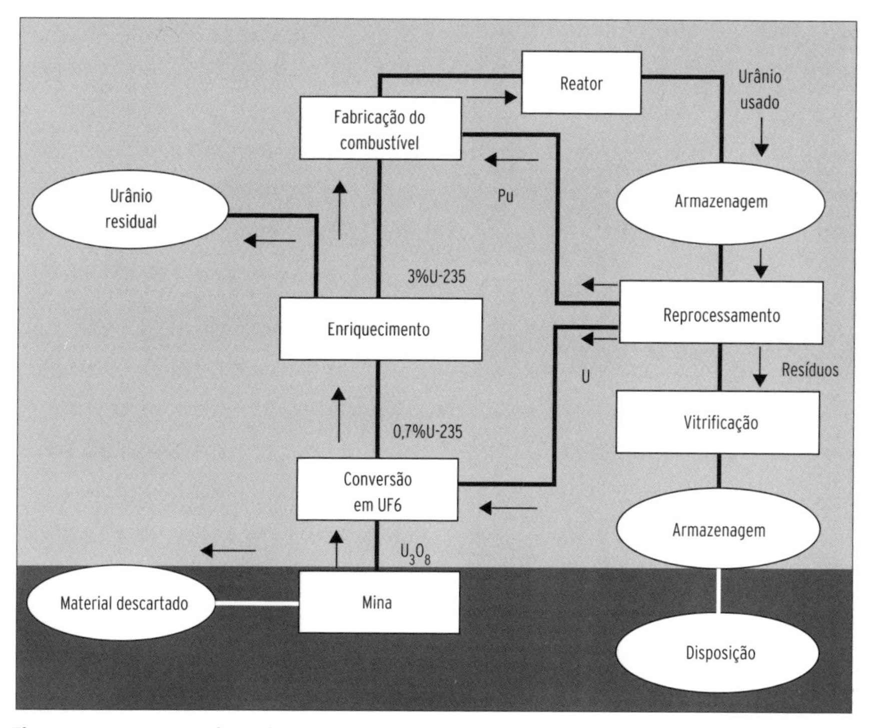

Figura 1.16: Etapas do ciclo do combustível nuclear.

Fonte: Reis et al. (2005).

Conversão

Uma vez que o urânio necessita estar na forma de um gás antes que possa ser enriquecido, o U_{3O8} é convertido em gás hexafluoreto de urânio (UF6) na usina de conversão.

Enriquecimento de isótopo

Este processo separa o hexafluoreto de urânio gasoso em dois feixes: um feixe é enriquecido até os níveis requeridos e passa então ao próximo estágio do ciclo de combustível. O outro é empobrecido em U_{235} e é chamado de resíduo. É predominante o U_{238}. Alguns tipos de reatores não necessitam de urânio enriquecido.

Fabricação do combustível

O UF6 enriquecido é transportado até uma usina de fabricação do combustível, onde é convertido em pó de dióxido de urânio (UO2) e prensado em pequenas pastilhas cilíndricas (pellets). Essas pastilhas são inseridas em tubos finos, feitos geralmente de uma liga de zircônio ou de aço inoxidável, para formarem varetas combustíveis, que são então seladas e montadas em conjunto, constituindo o elemento combustível para uso no reator nuclear.

Reator nuclear

Algumas centenas de elementos combustíveis formam o núcleo do reator. Neste, o isótopo U_{235} se fissiona ou se divide, produzindo calor em um processo contínuo, denominado reação em cadeia. O processo depende da presença de um moderador, tal como a água e o grafite, e é totalmente controlado.

Parte do U_{238} no núcleo do reator é convertida em plutônio e cerca da metade deste é também fissionável, fornecendo, aproximadamente, um terço da energia gerada pelo reator. Para manter um desempenho eficiente do reator nuclear, cerca de um terço do combustível queimado é removido e substituído por combustível novo a cada ano.

Após o urânio ter sido usado em um reator, ele fica conhecido como combustível queimado e sofre uma série de etapas adicionais que podem incluir as apresentadas a seguir.

Estocagem

Os elementos combustíveis queimados, retirados do núcleo do reator, são altamente radioativos e liberam calor. Por isso, eles são armazenados em piscinas especiais, que em geral estão localizadas no sítio do reator, de forma a permitir que tanto o calor como a radioatividade diminuam. A água na piscina serve ao duplo propósito de agir como uma barreira contra a radiação e de dispersar o calor do combustível queimado. O combustível queimado também pode ser armazenado a seco em instalações especiais. Cada tipo de armazenagem deve ser entendida como uma etapa intermediária, antes que o combustível queimado seja reprocessado ou enviado para disposição final.

Reprocessamento e disposição dos resíduos

O combustível queimado ainda contém aproximadamente 96% de urânio original, dos quais o teor de U_{235} fissionável foi reduzido a menos de 1%. Cerca de 3% do combustível queimado compreendem produtos residuais e o 1% restante é plutônio (Pu), produzido enquanto o combustível estava no reator. O reprocessamento separa o urânio e o plutônio dos produtos residuais, secionando as varetas combustíveis e dissolvendo os pedaços em ácidos para separar os vários materiais. O urânio recuperado pode ser retornado à usina de conversão, onde é feita a reconversão para hexafluoreto de urânio e, subsequentemente, seu reenriquecimento. O plutônio grau reator pode ser misturado com urânio enriquecido para produzir um combustível de óxido de misto (MOX) em uma usina de fabricação de combustível.

Vitrificação

Após o reprocessamento, o resíduo líquido de alta atividade pode ser calcinado (fortemente aquecido) para produzir um pó seco que é incorporado em vidro borossilicatado para imobilizar o resíduo. O vidro é então vazado em contêineres de aço inoxidável, cada um com capacidade para 400 kg de vidro.

Disposição final

Os resíduos vitrificados de alta atividade são selados em contêineres de aço inoxidável, e as varetas de combustível queimado, encapsuladas em metais resistentes, são enterradas em profundidade no subsolo, em estruturas rochosas estáveis.

Outra forma de produção de energia nuclear, que ainda se encontra em fase de desenvolvimento para geração de energia elétrica, é a fusão nuclear.

A fusão nuclear é um processo em que núcleos leves se juntam para formar um núcleo mais pesado. Ou seja, dois núcleos leves são fundidos para formar um novo átomo mais pesado. As dificuldades da fusão vêm do fato de que os núcleos possuem cargas elétricas que repelem um do outro. Para que as reações ocorram, os átomos precisam ter velocidade e, para isso, é necessário que os mesmos sejam mantidos em uma temperatura mais elevada (milhões de graus) em um gás de alta densidade. Isso é feito, em geral, mediante métodos especiais, pelos quais o gás é confinado em uma dada região do espaço, por meio de combinações adequadas de campos magnéticos. Esse processo normalmente é realizado em máquinas denominadas tokamaks.

RECURSOS ENERGÉTICOS RENOVÁVEIS

Energia solar

O sol é uma imensa fonte de energia inesgotável. Dele depende a vida na terra. Muitas das fontes de energia renováveis derivam do sol, incluindo o uso direto da energia solar para fins de aquecimento ou geração de eletricidade e o uso indireto, como a energia dos ventos, as ondas e a água corrente, bem como a energia das plantas e animais (madeira, palha, estrume e outros restos de plantas e resíduos). A energia das marés resulta da força gravitacional entre a lua e o sol e a energia geotérmica origina-se do calor gerado nas profundezas da terra.

O aproveitamento da quantidade de energia emitida pelo sol está limitado à praticidade de convertê-la em uma energia que possa ser utilizada diretamente pelo homem.

Do total de radiação incidente na Terra, 30% são refletidos imediatamente de volta para a atmosfera. Os 70% restantes são utilizados para aquecer a superfície da Terra, a atmosfera, os oceanos, ou são absorvidos na evaporação da água. Praticamente, uma quantidade muita pequena é utilizada na formação dos ventos e das ondas e na absorção pelas plantas no processo de fotossíntese.

A radiação solar pode ser convertida em energia útil, usando várias tecnologias. Pode ser absorvida em coletores solares para prover aquecimento de ambiente e de água a temperaturas relativamente baixas. Usando concentradores solares feitos de espelhos facetados, é possível obter elevadas temperaturas, sendo estas utilizadas em processos térmicos ou na geração de eletricidade. A radiação solar pode ser também convertida diretamente em eletricidade, usando células fotovoltaicas. Aqui, será enfocado apenas o uso direto da radiação solar. O uso indireto da energia solar, como por meio do uso da energia dos ventos, das ondas, dos rios e outras, será enfocado em seguida.

Energia termossolar (solar térmica)

Uma grande variedade de equipamentos pode ser utilizada para captar a energia térmica do sol. Para uso em baixas temperaturas, a maioria dos sistemas é composta de vidros, ou melhor, da sua habilidade de transmitir a luz visível e bloquear a radiação infravermelha. Para uso em elevadas temperaturas, utilizam-se habitualmente espelhos. Pode-se dividir o aproveitamento em três formas principais: sistema solar ativo, sistema solar passivo e sistemas termossolares.

Sistema solar ativo

A captação da energia solar em baixa temperatura pode ser feita com vários tipos de equipamentos, que são definidos em função da aplicação. Um deles é o coletor solar, usualmente montado no telhado de uma edificação para captar a radiação solar. A maioria dos sistemas tem sua estrutura simplificada e o calor produzido é utilizado para aquecer água para o uso interno das edificações ou para a piscina. A Figura 1.17 mostra um esquema simplificado desse tipo de coletor.

Entre as aplicações mais antigas de sistema solar em baixa temperatura, é possível citar a estufa, utilizada na agricultura, em cultivos que exigem certas condições ambientais para se desenvolver, e na secagem de produtos agrícolas; a utilização do calor solar para evaporar a água do mar e obter sal de cozinha; e a dessalinização da água do mar e da água salobra de poços

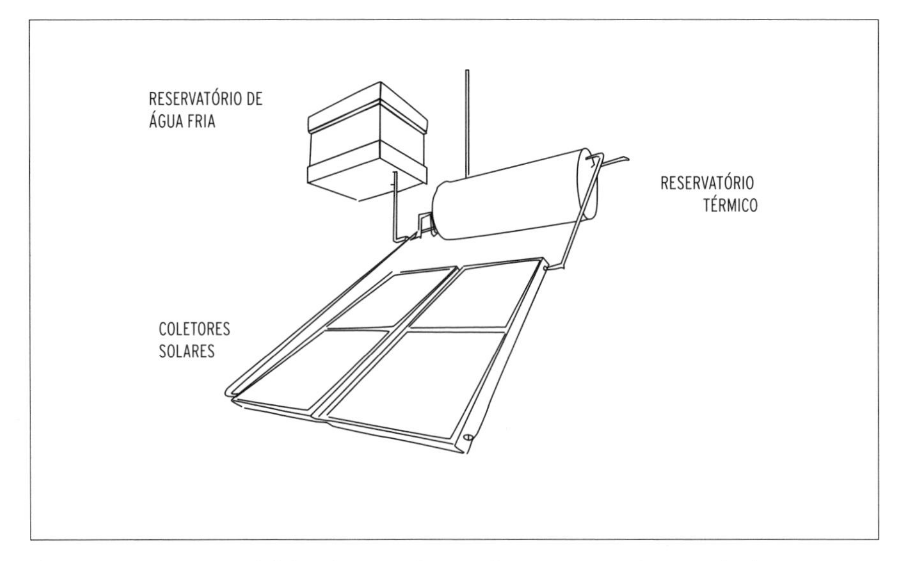

Figura 1.17: Esquema básico de um coletor solar para aquecimento de água.

Fonte: Reis et al. (2005).

para a obtenção de água doce, técnica muito utilizada nos países do Oriente Médio.

No campo do aquecimento ambiental, existem diversas configurações de sistemas utilizados, a maioria em países de clima frio. Um deles é o uso de radiadores, em que a água quente passa por estes introduzindo ar quente no ambiente. Outra configuração de coletores solares para aquecimento do ar, cujo princípio de funcionamento é semelhante ao da água, é o sistema em que o ar passa através do coletor, que pode ser instalado verticalmente sobre a fachada das edificações, para que o ar preaquecido pelo sol direcionado ao ambiente que se quer aquecer ou possa ser armazenado em um acumulador para ser usado em outro período.

O calor solar também é utilizado para fins de refrigeração ambiental mediante ciclo de absorção. Nesse caso, o calor solar é usado para uma fase inicial de aquecimento, tendo em vista que esse tipo de sistema exige temperaturas mais elevadas.

Existe uma enorme quantidade de equipamentos para o aproveitamento do sol em baixas temperaturas. Para aquecimento de ar ambiente, a maioria desses equipamentos está instalada em países de clima frio. Para aquecimento de água, os coletores solares são utilizados em inúmeras regiões. Tais equipamentos ainda são considerados caros para a maioria da população de países em desenvolvimento.

Sistema solar passivo

Consiste na direta absorção da energia por uma edificação, em função do seu projeto arquitetônico, com o intuito de reduzir a energia requerida para aquecer o ambiente interno. Normalmente, esse tipo de sistema utiliza-se do próprio ar para coletar a energia, em geral sem a necessidade de utilizar bombas ou ventiladores, pois o sistema é parte integrante da edificação. Um edifício projetado de forma eficiente, ou seja, fazendo um bom aproveitamento da luz solar e da circulação de ar, diminui a necessidade de consumir energia elétrica na iluminação e no acondicionamento do ambiente.

Sistemas termossolares

São equipamentos mais sofisticados que utilizam sistemas de captação complexos que orientam a radiação solar coletada para um ponto concentrador, com a finalidade de produzir temperaturas bastante elevadas, capazes de vaporizar um líquido (água, amônia, sódio etc.). O vapor produzido é utilizado para movimentar turbinas a vapor e gerar eletricidade.

A Figura 1.18 apresenta um esquema simplificado desse tipo de sistema.

O *coletor* é o equipamento que coleta e envia a radiação solar até o receptor.

O *receptor* ou absorvedor tem a função de converter a radiação solar orientada em energia térmica, ou seja, a radiação é absorvida e transferida para um fluido termodinâmico que circula dentro do receptor.

Esse fluido termodinâmico é transportado e convertido em energia mecânica, por meio de um ciclo de Rankine ou Brayton, dependendo da natureza e da temperatura do fluido de trabalho. Esse processo é semelhante ao de uma central térmica convencional: o fluido se expande em uma turbina; acoplada a essa turbina existe um gerador elétrico que transforma a energia mecânica em energia elétrica.

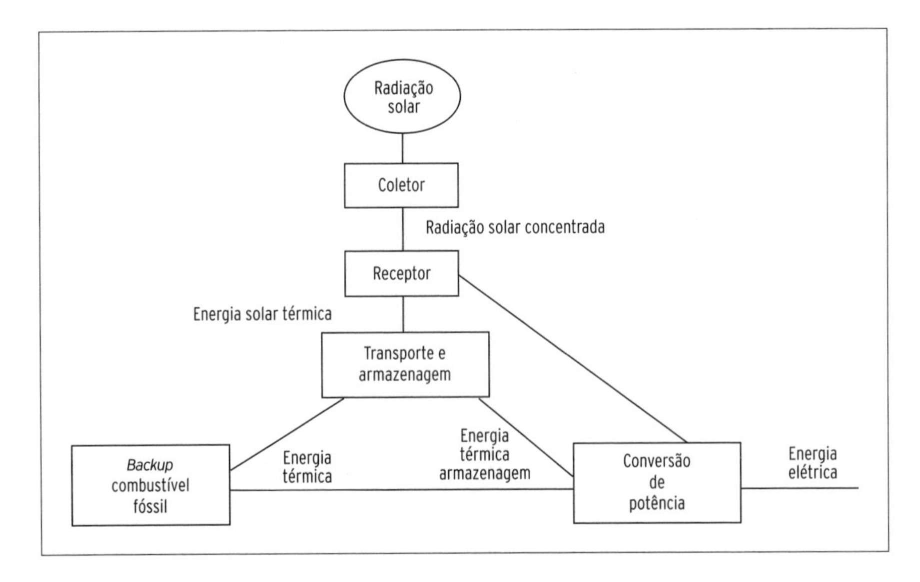

Figura 1.18: Esquema de sistema termossolar.

Fonte: Reis et al. (2005).

Existem instalados em alguns países, projetos pilotos com diferentes configurações de sistemas. Pode-se destacar os sistemas de conversão heliotermoelétrica de receptor central, mais conhecido como torre de potência, e os sistemas distribuídos de conversão heliotermoelétrica, dos quais se destacam os concentradores parabólicos de foco linear (concentrador cilindro-parabólico) e os discos parabólicos.

Com relação à planta de receptor central, registra-se a instalação desse tipo de equipamento nos Estados Unidos, Israel, Kuwait e Espanha. A eficiência média global desses equipamentos está em torno de 20%. São equipamentos ainda caros e de eficiência inferior às centrais convencionais que utilizam combustíveis fósseis, o que limita a sua aplicação em maior escala.

As plantas com concentradores cilindros-parabólicos, conhecidas como Solar Electric Generating Systems (SEGs), foram construídas e testadas nos Estados Unidos, no Japão e na Europa. Foram criados protótipos de 14 a 80 MW, com o intuito de demonstrar a validade desse sistema, que chegou a atingir eficiências em torno de 15%.

Energia solar fotovoltaica

A energia solar pode ser convertida diretamente em eletricidade, utilizando as tecnologias de células fotovoltaicas, desenvolvidas com base no aproveitamento do efeito fotovoltaico.

Existem, na natureza, materiais classificados como semicondutores, que se caracterizam por possuir uma banda de valência totalmente preenchida por elétrons e uma banda de condução vazia a temperaturas muito baixas.

Os materiais semicondutores apresentam a característica de permitir, por meio de excitação térmica, a passagem de portadores elétricos da banda de valência para a de condução, desde que a energia fornecida supere a diferença energética entre as bandas, o *gap*. Uma propriedade fundamental para as células fotovoltaicas é a possibilidade de os fótons, na faixa do visível, com energia superior ao *gap* do material, permitirem o encaminhamento de elétrons à banda de condução. Esse efeito, que pode ser observado em semicondutores puros, também chamados de intrínsecos, não garante por si só o funcionamento de células fotovoltaicas. Para obtê-las, é necessária uma estrutura apropriada para que os elétrons excitados possam ser coletados, gerando uma corrente útil.

Para isso, são acrescentados aos átomos de silício, átomos de fósforo e boro em um processo conhecido como dopagem do silício, formando uma junção *pn*.

Quando uma junção *pn* fica exposta a fótons com energia maior que o *gap* existente entre as bandas de valência e de condução, ocorrerá a geração de pares elétron-lacuna; se isso acontecer na região onde o campo elétrico é diferente de zero, as cargas serão aceleradas, gerando, assim, uma corrente através da junção; esse deslocamento de cargas dá origem a uma diferença de potencial (elétrico), que chamamos de efeito fotovoltaico.

O problema da eficiência de conversão e do custo de material, e ainda do grande conhecimento adquirido pela teoria física das células, tem impulsionado a pesquisa de células solares produzidas com materiais diferentes do silício monocristalino, considerado nos desenvolvimentos iniciais. Atualmente, são estudados e mesmo utilizados o silício policristalino e amorfo, o arseneto de gálio e o sulfeto de cádmio, entre outros. No entanto, o conhecimento da tecnologia que emprega o silício, em particular o monocristal, e a abundância da matéria-prima que lhe dá origem têm sido as razões mais importantes que tornaram o silício o material predominante no processo de desenvolvimento tecnológico.

A Figura 1.19 ilustra um módulo fotovoltaico feito com células de silício policristalino. Um módulo consiste em uma associação de células para se obter a potência desejada.

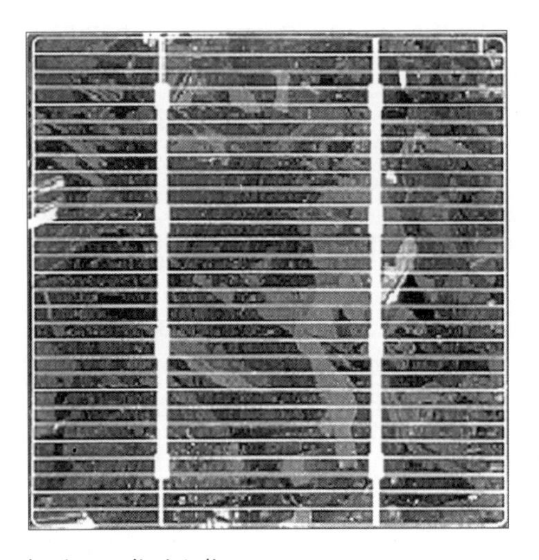

Figura 1.19: Célula do tipo policristalina.

Fonte: Reis et al. (2005).

Por causa de seu custo ainda alto (mas decrescendo rapidamente), em seu atual estado da arte, essa tecnologia só encontra viabilidade econômica em aplicações de pequeno porte, como em sistemas rurais isolados (iluminação, bombeamento de água etc.), serviços profissionais (retransmissores de sinais, aplicações marítimas) e produtos de consumo (relógio, calculadoras).

Porém, sabe-se que o mercado fotovoltaico é ainda uma fração do que poderia ser, visto que existe uma parcela significativa da população mundial, cerca de 2 bilhões de habitantes, ou 33% da população, localizada principalmente nas áreas rurais, que não tem acesso à eletricidade.

Pesquisas feitas nos últimos dez anos, resultando em aumento da eficiência dos módulos e em diminuição considerável nos custos de produção, sinalizam boas perspectivas futuras, inclusive para aplicações de maior porte.

Esse futuro depende também do aumento das pressões mundiais para a utilização de fontes energéticas renováveis e limpas, e a continuidade da linha de pensamento governamental dos países industrializados que buscam uma diversificação das fontes de suprimento energético.

Com relação às aplicações de um sistema fotovoltaico, podem ser considerados sistemas autônomos isolados e híbridos e sistemas conectados à rede elétrica.

1. **Sistemas autônomos isolados** – consiste no sistema puramente fotovoltaico, não conectado à rede elétrica de distribuição. Dentre os sistemas isolados, existem muitas configurações possíveis. As mais comuns são:

   - *Carga CC sem armazenamento* – a energia elétrica é usada no momento da geração por equipamentos que operam em corrente contínua.
   - *Carga CC com armazenamento* – é o caso em que se deseja utilizar equipamentos elétricos, em corrente contínua, independente de haver ou não geração fotovoltaica simultânea. Para que isso seja possível, a energia elétrica deve ser armazenada em baterias.
   - *Carga CA sem armazenamento* – da mesma forma como apresentado para o caso CC, pode-se usar equipamentos que operem em corrente alternada sem o uso de baterias, bastando, para tanto, a introdução de um inversor entre o arranjo fotovoltaico e o equipamento a ser usado.
   - *Carga CA com armazenamento* – para alimentação de equipamentos que operem em corrente alternada é necessário que se utilize um inversor. Um caso típico de aplicação desses sistemas é no atendimento de residências isoladas, que, por possuírem um nível de conforto superior àquelas alimentadas em corrente contínua, permitem o uso de eletrodomésticos convencionais.

2. **Sistemas autônomos híbridos** – são sistemas em que a configuração não se restringe apenas à geração fotovoltaica. Em outras palavras, são sistemas em que, estando isolados da rede elétrica, existe mais de uma forma de geração de energia, como um sistema formado por gerador diesel, turbinas eólicas e módulos fotovoltaicos. Esses sistemas são mais complexos e necessitam de algum tipo de controle capaz de integrar os vários geradores, de forma a otimizar a operação para o usuário.
3. **Sistemas conectados à rede elétrica** – são basicamente de um único tipo e em que o arranjo fotovoltaico representa uma fonte complementar ao sistema elétrico de

grande porte ao qual está conectado. São sistemas que não utilizam armazenamento de energia, pois toda a potência gerada é entregue à rede instantaneamente. As potências instaladas vão desde poucos kWp, em instalações residenciais, até alguns MWp, em grandes sistemas operados por empresas. Esses sistemas se diferenciam quanto à forma de conexão à rede.

Outras aplicações de células fotovoltaicas são:

- *Aplicações em produtos de consumo de massa* – essa aplicação abarca sistemas com baixa potência instalada, em geral menores que 10 Wp. Pode-se destacar como principais produtos: calculadoras, relógios, lanternas e rádios portáteis.
- *Aplicações profissionais* – responsáveis por uma significativa parcela do mercado de células fotovoltaicas. Pode-se destacar como principais os sistemas de telecomunicações (rádios, telefones remotos, estações repetidoras), a sinalização marítima, as cercas eletrificadas, entre outros.

Embora o custo de um sistema fotovoltaico ainda esteja elevado, ele vem decrescendo ao longo dos últimos anos. Os avanços tecnológicos que promovem um aumento na eficiência de conversão energética e as melhorias nos métodos de produção industriais são os grandes responsáveis pela diminuição nos preços dos módulos fotovoltaicos. Mesmo com os preços atuais, a tecnologia fotovoltaica já se mostra competitiva em algumas aplicações específicas, como a iluminação de residências de baixo consumo em localidades remotas, o bombeamento de água em locais isolados, as torres de repetição de sinais, entre outros.

Se os preços diminuírem significativamente, por volta de uns 50% em relação aos preços atuais, a tecnologia fotovoltaica será capaz de competir economicamente com as fontes convencionais em várias aplicações. A queda nos preços dependerá não apenas da evolução tecnológica, mas também do aumento do mercado, que poderá ser conseguido por meio de incentivos governamentais e de esclarecimento ao consumidor sobre o funcionamento e os benefícios da tecnologia.

Energia hidráulica

A água como recurso energético já era utilizada desde o início do primeiro milênio, difundindo-se com maior intensidade no século XVIII, na Europa, por meio dos sistemas conhecidos como moinhos hidráulicos, utilizados para obter a energia mecânica necessária no bombeamento de água, trituração de grãos, entre outras aplicações. Com a descoberta da eletricidade, já no final do século XIX, o recurso hidráulico passou a ser utilizado para gerar eletricidade em um conjunto turbina-gerador. Com a possibilidade de transmitir energia elétrica via fios condutores, passou-se a aproveitar as quedas d'água de bacias hidrográficas distantes dos grandes centros consumidores, conduzindo a energia elétrica pelas linhas de transmissão.

O aproveitamento da energia hidráulica contida nos cursos d'água é feito por meio de usinas hidrelétricas. Tais usinas aproveitam a diferença de energia potencial existente entre o nível de água a montante e a jusante para gerar eletricidade. Normalmente, são construídas barragens e reservatórios para fazer esse aproveitamento. A água usada para produzir energia elétrica é retirada do reservatório na tomada d'água e conduzida à casa de máquinas por meio de tubulações, os condutos. Ao atingir a casa de máquinas, toda energia potencial é transformada em energia cinética, utilizada para girar uma turbina que converte a energia cinética em mecânica. Por fim, um gerador acoplado ao eixo da turbina transforma a energia mecânica em elétrica.

A Figura 1.20 apresenta um esquema simplificado de um aproveitamento hidrelétrico.

A utilização de energia hidráulica na geração de eletricidade ocorre de forma significativa em apenas alguns países, entre eles o Brasil, que, tendo abundância de recursos hídricos, passou a aproveitá-los em larga escala. Inúmeras usinas de diferentes capacidades e tamanhos de reservatórios foram construídas nos últimos quarenta anos.

Atualmente, mais de 85% da energia elétrica no Brasil é gerada com esse tipo de usina. A capacidade instalada, em 2009, em usinas hidrelétricas no país era de 78,2 GW. Em termos de quantidade de energia produzida por

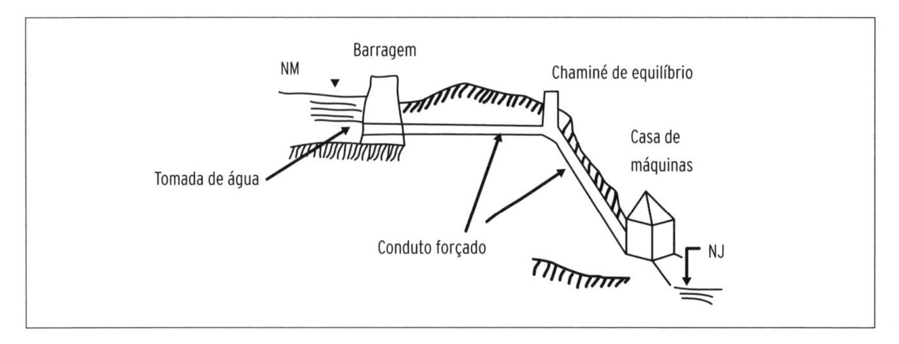

Figura 1.20: Esquema simplificado de um aproveitamento hidrelétrico.

Fonte: Reis et al. (2005).

ano, a participação porcentual das hidrelétricas é ainda maior, tendo em vista o aproveitamento de parte da energia secundária existente nos períodos de chuvas, proporcionada pela capacidade de acumulação nos reservatórios. Portanto, a matriz brasileira, do ponto de vista de energia elétrica, é fortemente baseada em energia renovável, mas os impactos sociais e ambientais associados a esse tipo de geração devem ser considerados, sobretudo no que se refere às usinas de grande porte. O Brasil possui um grande número de usinas com reservatórios, cujas construção e operação são fontes de diversos impactos ambientais e sociais.

Usinas hidrelétricas possuem um custo de investimento bastante variável em função do tamanho do reservatório. Usinas de grandes reservatórios têm grande parte dos seus custos baseados nas obras civis.

As usinas hidrelétricas não são mais projetadas visando única e exclusivamente a geração de eletricidade. Hoje, qualquer proposta de aproveitamento de recurso hídrico deve ser analisada pelo poder concedente e este avalia a inserção das hidrelétricas na bacia hidrográfica e no Sistema Elétrico Interligado. Portanto, no caso das usinas com reservatório, pode-se falar em duas outorgas: uma referente ao uso da água e outra referente ao aproveitamento do potencial hidráulico. Atualmente, na construção de um reservatório, são avaliados no projeto os usos múltiplos das águas, tais como: controle de enchentes, navegação, saneamento básico, lazer, irrigação etc.

Independente dos novos rumos do setor elétrico, esse tipo de geração continuará a ter uma participação majoritária no Brasil, tendo em vista o enorme potencial ainda a ser explorado.

Energia eólica

A energia eólica é vista, hoje, como uma das fontes alternativas de geração de eletricidade com perspectivas de gerar quantidades substanciais de energia, sem os impactos ambientais provocados por grande parte das fontes convencionais. Sua escala de desenvolvimento dependerá mais dos cuidados que se deve tomar ao escolher a turbina ideal e o local mais apropriado para implantação da mesma.

A energia eólica vem sendo utilizada há milhares de anos. A primeira utilização da energia do vento foi para impulsionar barcos a vela, porém, acredita-se que sua exploração de forma estática, por meio de moinhos de vento, aconteceu há aproximadamente 3 mil anos. A partir do primeiro milênio d.C., esses equipamentos se difundiram rapidamente nos países da Europa e da Ásia, em diversas aplicações, tais como moagem de grãos, bombeamento de água, entre outros. O país dos moinhos de vento sempre foi a Holanda. Cerca de 20 mil moinhos de vento estavam em funcionamento nesse país no final do século XVIII. No final do século XIX, países como a Alemanha, Inglaterra e Dinamarca possuíam, cada um, mais de 10 mil moinhos instalados. Entretanto, neste século, a introdução das máquinas a vapor, durante a Revolução Industrial, conduziu a um declínio gradual no uso desses equipamentos na Europa.

Atualmente, existem milhares de turbinas eólicas em operação ao redor do mundo, não apenas para gerar energia mecânica, mas também eletricidade. Para esta última aplicação, as turbinas são normalmente descritas como sistemas de conversão de energia eólica ou aerogeradores.

Pesquisas voltadas à geração de eletricidade por meio do aproveitamento dos ventos são realizadas desde o século XIX (com vários graus de sucesso). Existe, hoje, uma extensa gama de turbinas comerciais disponíveis, fabricadas por empresas instaladas ao redor do mundo.

A energia eólica consiste na energia cinética contida nos movimentos das massas de ar na atmosfera (ventos), produzidos basicamente pelo aquecimento diferenciado das camadas de ar pelo sol (geração de diferentes densidades e gradientes de pressão) e pelo movimento de rotação da Terra sobre o seu próprio eixo.

Um aspecto relevante no aproveitamento dos ventos para fins de geração de eletricidade, é que a potência do vento depende da área de captação, sendo proporcional ao cubo de sua velocidade. Pequenas variações da velocidade do vento podem ocasionar grandes alterações na potência. Nota-se, portanto, a importância de se obter dados confiáveis e de boa qualidade. A má qualidade dos dados a respeito do vento resulta no dimensionamento inadequado do sistema eólico, nos erros de estimativa de produção de energia e, consequentemente, em prejuízos financeiros ao proprietário do projeto.

Grande parte das modernas turbinas eólicas são equipamentos para gerar eletricidade. Variam desde pequenas turbinas para produzir potências na ordem de dezenas ou centenas de kW, utilizadas principalmente em áreas rurais, até turbinas consideradas de grande porte, que produzem potências na ordem de alguns MW e que em geral estão interconectadas à rede elétrica.

As turbinas eólicas modernas podem ser classificadas de acordo com a orientação do eixo do rotor em relação ao solo em: verticais e horizontais.

Os rotores de eixo horizontal são os mais comuns e grande parte da experiência internacional está voltada para a sua utilização. São movidos sobretudo por forças de sustentação (atuam perpendicularmente ao escoamento) e devem possuir mecanismos capazes de permitir que o disco varrido pelas pás esteja sempre em posição perpendicular ao vento. Possuem duas ou mais pás, dependendo de sua aplicação. Turbinas de múltiplas pás são em geral utilizadas em fazendas para bombeamento de água. Para geração de eletricidade, os rotores tipo hélice são os mais utilizados, sendo normalmente compostos de três pás ou, em alguns casos, uma ou duas pás. São muito empregados na produção de eletricidade por possuírem eficiências superiores às dos demais modelos. E por terem baixos torques de partida, só operam com velocidades elevadas do vento.

As turbinas de eixo vertical captam a energia dos ventos sem precisar alterar a posição do rotor com a mudança na direção dos ventos. Podem ser movidas por forças de sustentação e por forças de arrasto. Os principais tipos de rotores de eixo vertical são o Darrieus, Savonius e turbinas com torres de vórtices. Pode-se destacar o rotor Darrieus que, movido por força de sustentação, é constituído de duas ou três pás (lâminas curvas) construídas em um perfil aerodinâmico de aerofólio simétrico. Possui eficiência um pouco menor do que a do rotor tipo hélice e sua principal desvantagem é a necessidade de já estar em movimento para produzir potência. É empregado em aplicações que requerem baixas potências (até 50 kW).

Vários outros tipos de rotores foram desenvolvidos e são empregados em menor escala e com outras finalidades, como para o bombeamento de água. Pode-se destacar o rotor Savonius, moinhos de vento, entre outros. A Figura 1.21 mostra esquematicamente alguns modelos de turbinas que estão em funcionamento em várias regiões.

Figura 1.21: Alguns modelos de turbinas.

Fonte: Reis et al. (2005).

Projetar um sistema eólico, para um determinado tamanho de rotor e para uma determinada carga, supõe trabalhar em um intervalo ótimo de rendimento do sistema com relação à curva de potência disponível do vento local.

Os aerogeradores são classificados por tamanho (altura e diâmetro das pás) e por potência instalada (potência nominal). De modo geral, são divididos em pequenos, médios e grandes. As Tabelas 1.1 e 1.2 apresentam, respectivamente, a classificação por potência e diâmetro.

Tabela 1.1: Relação de tamanho e potência instalada

TAMANHO	POTÊNCIA INSTALADA
Pequeno	1 a 80 kW
Médio	81 a 500 kW
Grande	> 500 kW

Fonte: Reis et al. (2005).

Tabela 1.2: Relação tamanho e área do rotor

TAMANHO	DIÂMETRO (M)	ÁREA DO ROTOR (M^2)
Pequeno	16	200
Médio	16 a 45	200 a 1.600
Grande	> 45	> 1.600

Fonte: Reis et al. (2005).

Quanto às aplicações para produção de eletricidade, um sistema eólico, assim como os sistemas solares, pode ser classificado em:

- *Sistema independente ou isolado* – são sistemas que normalmente utilizam alguma forma de armazenamento, podendo ser baterias para utilização de aparelhos elétricos ou armazenamento de água para utilização posterior. São de pequeno porte (até 80 kW) e possuem custos mais elevados por causa do sistema de armazenamento.
- *Sistema de apoio (híbridos)* – são aqueles em que uma turbina eólica opera em paralelo com uma fonte de energia firme (na maioria grupo geradores diesel), tendo como objetivo principal economizar combustível. Também são utilizados em conjunto com módulos fotovoltaicos. Os sistemas híbridos normalmente são empregados em sistemas de pequeno e médio porte destinado a atender um maior número de usuários.
- *Sistema interligado à rede elétrica* – sistemas de grande porte interligados à rede de distribuição, em duas formas: diretamente, por meio de geradores de indução ou síncrono; ou indiretamente, por meio de inversores acoplados a geradores de corrente contínua.

As turbinas de pequeno porte têm sido projetadas para fornecer eletricidade em áreas remotas (casas e fazendas), estações de telefonia, entre outros. Essas turbinas apresentam custos unitários superiores aos das de médio e grande porte. Também são fabricadas as chamadas miniturbinas (abaixo de 500 W) especialmente para carregar baterias com larga aplicação mundial.

Turbinas utilizadas em aplicações *offshore* são de maior porte do que as em terra. Os custos tendem a ser maiores que as similares em terra por causa dos custos referentes à parte civil (infraestrutura), dos maiores custos de conexão à rede elétrica, e da necessidade de equipamentos com maior capacidade para resistir ao ambiente marinho corrosivo. O fato de essas turbinas normalmente serem de maior porte pode torná-las competitivas a longo prazo.

A Figura 1.22 ilustra o desenvolvimento do tamanho dos aerogeradores nos últimos anos.

O aproveitamento da energia dos ventos causa tanto impactos ambientais positivos quanto negativos. A geração de eletricidade por turbinas eólicas não emite dióxido de carbono, não produz chuva ácida, cinzas ou poluentes radioativos; esses são os aspectos positivos da geração eólica. Quanto aos aspectos negativos, pode-se destacar como principais o ruído, a interferência eletromagnética e o impacto visual.

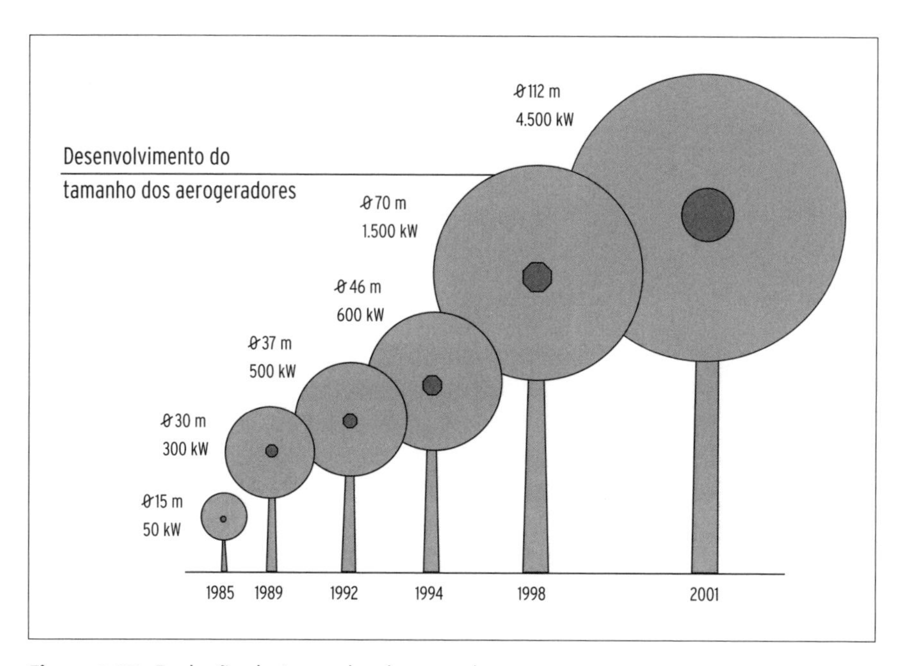

Figura 1.22: Evolução do tamanho dos geradores.

Fonte: Reis et al. (2005).

Energia da biomassa

Definições, composição e características

O termo biomassa engloba um grande número de vegetais presentes na natureza e formados pelo processo de fotossíntese, como também os resíduos gerados a partir da sua utilização, tais como: resíduos florestais e agrícolas, matéria orgânica contida nos resíduos industrias, domésticos, comerciais e rurais.

As plantas, no seu processo de crescimento, funcionam como uma verdadeira usina. Absorvem a energia solar, a água e o dióxido de carbono do ar, transformando todo esse potencial em energia química. Essa energia química pode ser liberada por combustão, ou outro processo de conversão, em diversos derivados energéticos, como carvão vegetal, etanol e biodiesel, mais apropriados para utilização nos diversos equipamentos de usos finais.

Aos combustíveis derivados da biomassa, dá-se o nome de biocombustível. O Quadro 1.8 mostra uma classificação utilizada para os biocombustíveis.

Quadro 1.8: Classificação dos biocombustíveis

BIOMASSA ORIUNDA DAS FLORESTAS NATIVAS E PLANTADAS	Lenha, carvão vegetal, briquetes, cavacos e resíduos sólidos oriundos do aproveitamento não energético da madeira
	Biocombustíveis líquidos e gasosos, subprodutos dos processos de conversão da madeira. Ex: metanol, gás de gaseificação
BIOCOMBUSTÍVEIS NÃO FLORESTAIS – AGROINDÚSTRIA	Combustíveis sólidos e líquidos produzidos a partir de plantações energéticas. Ex: álcool da cana-de-açúcar
	Resíduos de plantações energéticas. Ex: palhas, folhas e pontas da plantação de cana-de-açúcar
	Resíduos da agroindústria: casca de arroz, palha de milho etc
	Subprodutos animais que são transformados em biogás: esterco de aves, bovinos, suínos, caprinos
	Combustíveis obtidos do processamento de oleaginosas (biodiesel), tais como: soja, milho, mamona, girassol, babaçu, dendê, entre outras
RESÍDUOS URBANOS	Resíduos sólidos, líquidos e gasosos provenientes do processamento dos esgotos e lixos industriais, comerciais e domésticos

Fonte: Reis et al. (2005).

A madeira é composta basicamente de polímeros naturais: celulose, hemicelulose e lignina, na proporção aproximada de 45:29:24. As quantidades relativas desses componentes variam em função da espécie e da idade da madeira. Os seus demais componentes, presentes em menor quantidade, são compostos de baixo peso molecular. Eles são denominados extrativos e são encontrados principalmente na casca: óleos essenciais, resinas, fenóis, feninos, graxas e corantes.

Os principais constituintes dos polímeros que compõem a madeira são: carbono, hidrogênio e oxigênio. Como fonte energética, a madeira pode ser avaliada pelo seu poder calorífico (kcal/kg ou GJ/t). Apesar de existir algumas diferenciações na composição de cada constituinte, função da espécie, idade do vegetal e tipo de solo, os valores médios praticados são:

- No BEN, para a lenha, o poder calorífico adotado é de 3.300 kcal/kg, para uma umidade média de 25%.
- Para os produtos do bagaço da cana-de-açúcar é usado o poder calorífico de 2.257 kcal/kg, valor calculado experimentalmente pelo Instituto de Açúcar e Álcool (IAA).
- Para o carvão vegetal, o poder calorífico é de 6.800 kcal/kg, valor adotado pelo projeto Matriz Energética Brasileira.

Aspectos energéticos

A biomassa é uma das formas em que a energia solar se manifesta. É apenas uma pequena parte desta, porém, uma quantidade superior a oito vezes o consumo primário mundial.

A energia armazenada nas plantas é reciclada naturalmente por uma série de processos físicos e químicos de conversão, que envolvem o sol, a atmosfera ao redor e outras matérias, até essa energia ser radiada da terra na forma de calor de baixa temperatura. A importância desse processo cíclico é que se pode aproveitar, na forma de combustível, a energia química armazenada.

Até o século XVII, a única fonte de calor significativa utilizada pelo homem, além do sol, era a proveniente da queima da biomassa. A sua exploração em larga escala, para satisfazer as necessidades de calor daquela época, provocou sua escassez em algumas regiões da Europa. A partir daí, o carvão mineral surgiu para, em parte, substituir o papel da biomassa.

Não é fácil contabilizar a quantidade de energia utilizada no mundo a partir da biomassa, tendo em vista que vários dos levantamentos realizados são de organismos locais que não registram parte das transações ditas não comerciais. Isso leva a crer que a participação da biomassa na matriz energética mundial é pequena e relativamente sem importância, o que com certeza não é o caso. Em alguns países como Quênia, Índia, Brasil e outros da América do Sul, Ásia e África a biomassa tem grande participação na matriz energética. Em nível mundial, a sua participação está em torno de 13%. Mesmo nos países industrializados, o consumo dos biocombustíveis é significativo. Em países como Suécia, Estados Unidos, Suíça e Áustria, a madeira é bastante utilizada como biomassa e as tecnologias de processamento de resíduos e lixo são bem avançadas, o que sugere pensar que os números apresentados para a contabilização do seu uso podem ser bem maiores.

É importante destacar o papel da biomassa como mantenedora da atmosfera da terra. A planta cresce utilizando energia solar para converter dióxido de carbono e água em carboidrato (ou matéria similar), liberando oxigênio. Quando a planta decai (ou quando é queimada), o oxigênio é usado, e é liberada energia na forma de calor. Ao se considerar os possíveis efeitos da ação do homem no ambiente, é essencial ter em mente que a atmosfera e a biomassa não são dois elementos separados na superfície da Terra: a interdependência entre ambos é tão forte que se torna essencial tratá-los como um único sistema.

A quantidade de biomassa e seu conteúdo energético dependem de vários fatores: a localização, o clima e o tempo, a natureza do solo, o suprimento de água, os nutrientes e a escolha da planta.

A eficiência de conversão de energia da fotossíntese das plantas é baixa. Considera-se que a quantidade de madeira seca produzida anualmente em uma área de um hectare não chegue a uma tonelada ou, em circunstâncias extremamente favoráveis, no máximo a 30 toneladas. Em termos de energia, isso significa menos que 15 GJ ou próximo a 500 GJ por hectare ao ano.

A baixa eficiência de conversão de energia ocorre em função da radiação solar incidente na planta. Primeiro, há períodos no ano em que a eficiência de conversão é quase zero porque não ocorre crescimento da planta. Segundo, porque mesmo durante o período de crescimento da planta, nem toda luz solar é interceptada pelas folhas.

A renovação natural da biomassa representa um suprimento de energia de 3.000 EJ por ano, do qual é utilizada apenas uma pequena quantidade (cerca de 2%) como combustível. Naturalmente, não haveria como utilizar toda essa energia, caso se quisesse. O uso da biomassa como combustível compete com seus outros usos, como: alimentação para o homem; forragem para animais silvestres e domésticos; fibras para a construção; matéria para produção de papel, tecidos etc.

Dada a extrema diversidade dos biocombustíveis e a ampla variação das condições locais, é evidente que qualquer avaliação do potencial mundial deve se apoiar em análises detalhadas das contribuições individuais de um país ou região. Assim como para os demais recursos energéticos, na estimativa do recurso biomassa, deve-se levar em conta os fatores ambientais e sociais, juntamente com as considerações técnicas e econômicas.

O recurso biomassa apresenta-se de várias formas: madeira, serragem, palha, estrume, lixo de papel, refugo doméstico, esgotos, entre outros. Quase todos os tipos de biomassa decompõem-se rapidamente. Dessa maneira, uma pequena quantidade constitui-se em depósitos de energia de longo período e, por causa de sua relativa baixa densidade energética, seu transporte é caro em grandes distâncias.

Considerando os métodos de extração de energia da biomassa, é possível ordená-los em função da complexidade do processo envolvido em:

- Combustão direta da biomassa natural.
- Combustão após passagem por um processo físico relativamente simples. Isso envolve a sua distribuição, serragem, compressão e secagem.
- Utilização de processos termodinâmicos para melhoria das características da biomassa como combustível, como, por exemplo, pirólise, gaseificação e liquefação.
- Utilização de processos biológicos, tais como os processos naturais da digestão anaeróbica e da fermentação, que produzem gases e combustíveis líquidos úteis.

O produto imediato desses processos é o calor, normalmente utilizado no próprio local ou, em distâncias não muito grandes, em processos químicos ou aquecimentos distritais, ou ainda na produção de vapor para geração de energia.

Em outros processos, o produto resultante pode ser sólido, líquido ou combustível gasoso: carvão vegetal, lenha, combustível líquido como substituto do petróleo ou aditivo, gás para venda direta ou para geração de energia elétrica, utilizando turbinas a vapor ou a gás.

As possibilidades de utilização dos recursos da biomassa para geração de energia elétrica e uso como combustíveis no setor de transporte são inúmeras. Existe um potencial enorme para explorar conjuntamente o uso de resíduos de madeira (cascas e serragens), resíduos agrícolas (casca de arroz, bagaço de cana), lixo urbano, óleos vegetais (dendê, mamona, soja, girassol, babaçu, milho) etc.

Energia oceânica

As ondas, as marés e o calor dos oceanos abrigam reservas energéticas importantes, por isso o grande desafio para o futuro é desenvolver tecnologias eficazes que possibilitem aproveitar essa fonte em escala comercial, da mesma forma como aconteceu com as usinas hidrelétricas. Entre as formas de aproveitamento da energia dos oceanos, pode-se destacar como principais: a energia das marés, das ondas e o gradiente térmico.

Energia das marés

O uso das marés para aproveitamento de energia tem também uma longa história que se inicia na Idade Média, na França e Inglaterra, com a instalação de pequenos moinhos submarinos, instalados na entrada de estreitas baías, que eram usados para moer grãos. A partir de 1940, a energia das marés começou a ser utilizada em sistemas para geração de eletricidade, por meio de esquemas nos quais turbinas eram montadas em barragens construídas em estuários apropriados.

Um sistema de médio porte (240 MW) foi construído no estuário "Rance" na Inglaterra, costa oeste da França. Na metade da década de 1980, uma turbina de 18 MW foi instalada no Canadá e pequenos aproveitamentos têm sido realizados ao redor do mundo, incluindo um protótipo em um pequeno estuário na Rússia e diversos na China. O uso da energia das marés representa a possibilidade de utilização de energia renovável em grande escala e, ao redor do mundo, existem diversas regiões que apresentam um bom potencial para o seu aproveitamento. Consideram-se locais com bom potencial os que apresentam variações de marés entre 4 e 10 metros ou 5 a 20 GW, a custos razoáveis.

O custo inicial (de investimento) ainda é elevado se comparado com os outros tipos de geração como, por exemplo, a energia eólica (representando 30% a mais). Em razão do baixo fator de capacidade, usinas maremotrizes são mais apropriadas para complementar outras fontes na produção de eletricidade.

Energia das ondas

A crise do petróleo, em 1973, deu impulso ao interesse em maior escala por fontes renováveis de energia e, entre elas, a energia das ondas.

Por causa do grande potencial existente, o Reino Unido investiu em pesquisas. Um grande número de equipamentos foi inventado, matematicamente modelado e experimentalmente testado, com suporte de patrocinadores comerciais e do Departamento de Energia. Em outros países do mundo, vários protótipos têm sido testados, podendo-se citar como exemplos Noruega, Portugal, Escócia, Índia, China, Dinamarca, entre outros.

Energia proveniente do gradiente térmico

O sistema de conversão da energia térmica dos oceanos utiliza essencialmente o mar como um coletor solar. Consiste na exploração da pequena diferença de temperatura entre a superfície quente do oceano e a água fria da sua profundidade. Em águas profundas, 1.000 m ou mais, essa diferença de temperatura pode atingir 20°C. Embora a eficiência teórica seja baixa e o ciclo de vapor necessite trabalhar em uma temperatura ajustada, há uma grande quantidade de água disponível.

Alguns experimentos iniciais, utilizando barcos no Caribe, em 1930, tiveram um sucesso marginal. A água precisa ser bombeada de uma profundidade grande para se obter um diferencial de temperatura considerável. Além disso, o sistema produziu uma quantidade de energia não tão superior quanto a usada no bombeamento.

Mais recentemente, projetos experimentais de maior escala no Oceano Pacífico foram implantados com maior êxito. Contudo, as dificuldades de engenharia foram enormes. Uma unidade produzindo 100 MW de eletricidade necessitaria bombear aproximadamente 500 metros cúbicos por segundo de água quente e fria. Para uma profundidade de 1.000 m, o tubo pode atingir 20 m de diâmetro.

Energia geotérmica

Há muitos anos, cientistas reconheceram que o calor existente no subsolo terrestre apresentava um bom potencial para substituir os combustíveis fósseis na geração de eletricidade. O uso dessa energia para fins não elétricos (cozimento de alimentos, higiene pessoal, usos medicinais) já vem de longa data, ou melhor, desde a pré-história.

Os primeiros projetos de aproveitamento da energia geotérmica para geração de eletricidade foram construídos em Lardarello, Itália, em 1904, e em Wairakei, Nova Zelândia, em 1950. O projeto Geysers, Califórnia, foi o primeiro desse tipo nos Estados Unidos, com uma potência instalada de 2.800 MW, a maior no mundo. Países com potencial de energia geotérmica são: Itália, Islândia, Estados Unidos, México, Filipinas, Nova Zelândia, Japão, Turquia, Rússia, China, França, Indonésia, El Salvador, Quênia e Nicarágua.

Um recurso geotérmico possui três importantes características: um aquífero, contendo água, que pode ser acessada por perfuração; uma rocha que retém o fluido geotérmico; e uma fonte de calor. A energia geotérmica pode ser utilizada de duas maneiras: em baixas e moderadas temperaturas e em elevadas temperaturas.

Em baixas e moderadas temperaturas (abaixo de 100 °C), ou seja, recursos de baixa entalpia, a energia geotérmica pode ser usada para aquecimento de ambiente interno ou distrital (diversos edifícios em uma mesma área); bombas de calor (no aquecimento de ambientes, cozimento e aquecimento doméstico de água); processamento de alimentos (como preaquecimento, cozimento, esterilização de utensílios e equipamentos); secagem e preparação (de madeiras, papel etc.); e criação de peixes.

Em elevadas temperaturas, a energia geotérmica é utilizada principalmente para produzir eletricidade.

Energia do hidrogênio

Estudos e pesquisas em andamento apontam a água como um promissor recurso energético a ser utilizado no futuro, não apenas por meio de sua forma convencional, as hidrelétricas, mas também pelo uso do hidrogênio e oxigênio que a constituem. Utilizados juntos ou separados, proporcionariam uma fonte de energia elétrica e térmica para uso em centrais de geração de eletricidade e vapor, em processos industriais por meio do consumo de vapor e eletricidade, e em sistemas de transporte.

Células a combustível estão sendo pesquisadas e aprimoradas em diversas partes do mundo, e inúmeras delas já estão em funcionamento, provendo energia térmica e elétrica para residências, indústrias e outras instalações.

Pode-se obter gases ricos em hidrogênio por meio de processos de reforma de inúmeros combustíveis. É possível citar como exemplos: GN; gases resultantes de dejetos urbanos e agrícolas; gases provenientes da gaseificação do carvão, da madeira ou do bagaço de cana; ou ainda da reforma do metanol ou do etanol. O Brasil possui uma experiência muito grande na produção de etanol de cana-de-açúcar e deve aproveitar esse conhecimento para produzir mais um combustível proveniente desse recurso. A vantagem do processo de reforma de combustíveis renováveis, como no caso do etanol, é que a emissão de poluentes seria menor. No caso da cana-de-açúcar, seria emitido CO_2, porém, uma parte é captada no seu processo de crescimento.

A célula a combustível gera eletricidade por meio da reação química entre hidrogênio e oxigênio. Ela consiste em dois eletrodos, o ânodo e o cátodo, e em um eletrólito colocado entre eles. O hidrogênio é fornecido ao ânodo, que é dividido em íons de hidrogênio e elétrons, sob influência de um catalisador. Os íons migram do eletrólito para o cátodo, enquanto os elétrons fluem para o cátodo por meio de um circuito externo. Simultaneamente, o cátodo é suprido com oxigênio e os íons de hidrogênio e os elétrons formam água. A operação é semelhante a uma bateria, com a diferença de que a célula a combustível não armazena energia, ou seja, a energia é gerada enquanto for mantido o fluxo de oxigênio e hidrogênio.

A Figura 1.23 apresenta uma concepção básica desse tipo de tecnologia.

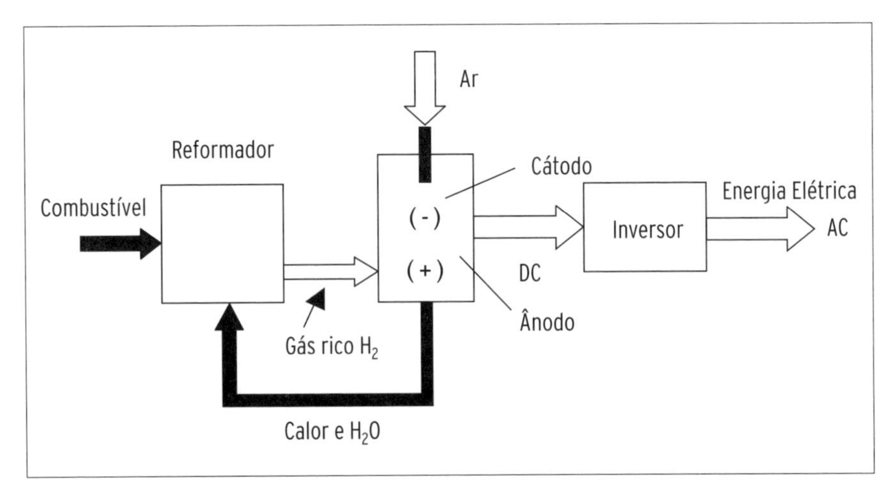

Figura 1.23: Concepção básica de uma central de geração com célula a combustível.

Fonte: Reis et al. (2005).

O SETOR DE ENERGIA ELÉTRICA

De forma simplista e prática, pode-se descrever a energia elétrica como resultante de um processo adequado de utilização das propriedades físico-químicas e eletromagnéticas da matéria, para propiciar o funcionamento de equipamentos fornecedores de usos finais desejados pela sociedade. Essa conceituação abrange a cadeia total da eletricidade, desde a sua produção (ou geração, termo mais usual) até a utilização final pelo consumidor.

Há duas formas básicas de se produzir eletricidade. A primeira, denominada estática por não necessitar do uso de peças móveis, é obtida diretamente dos recursos naturais por meio da utilização de tecnologias de transformação direta de uma forma de energia em outra; é o caso da energia solar fotovoltaica ou da energia resultante de reações químicas, como as pilhas, as baterias e as células a combustível. Nestes dois casos, a energia elétrica produzida é em corrente contínua e a maior utilização atualmente é na alimentação de cargas de pequeno porte. A segunda forma, em geral associada à utilização de peças móveis, baseia-se na propriedade de certos materiais "conduzirem" energia elétrica quando colocados em movimento em um campo eletromagnético. Neste caso, há necessidade de um estágio anterior de produção da energia mecânica para produzir o movimento. Recursos naturais são muitas vezes utilizados de maneira direta para produzir energia mecânica, como no caso das centrais hidrelétricas e eólicas, nas quais a água e o vento acionam as turbinas (versões modernas da roda d'água e do moinho de vento) que movimentam os geradores elétricos. Há casos em que os recursos naturais produzem outra forma de energia, que é transformada em energia mecânica, para então ser transformada em elétrica. Por exemplo, na geração termelétrica, um processo químico (combustão) ou nuclear (fissão do átomo) produz energia térmica que aciona turbinas a vapor ou a gás, com a finalidade de gerar a energia mecânica necessária para acionar o gerador elétrico.

Um aspecto importante que deve ser ressaltado é que a energia elétrica é uma forma secundária de energia, uma vez que pressupõe a transformação de outra(s) forma(s) de energia, esta(s), sim, obtida(s) por meio de utilização direta dos recursos naturais.

O suprimento de energia elétrica

A cadeia da energia elétrica, de forma similar à do petróleo e do GN, pode ser representada por blocos associados a etapas de produção, transporte e utilização (consumo). Por causa de suas características específicas, a utilização é tratada separadamente no item voltado às aplicações da energia elétrica. No caso da energia elétrica, o suprimento, considerado como a cadeia que cobre desde o processo de transformação da energia primária até a interface com cada tipo de consumidor, está dividido em geração, transmissão e distribuição.

A área de geração se preocupa especificamente com o processo da produção de energia elétrica por meio de diversas tecnologias e fontes primárias. Existe uma grande gama de opções para geração de eletricidade, cada uma delas com características bem distintas e específicas no que se refere ao dimensionamento, aos custos e à tecnologia. Fontes renováveis são mais adequadas a um desenvolvimento sustentável, mas respondem ainda por uma parte pequena da matriz energética mundial.

Em geral, a área de transmissão está associada ao transporte de blocos significativos de energia a distâncias razoavelmente longas. Pode ser também caracterizada por linhas elétricas aéreas, com torres de grande porte e com condutores de grande diâmetro, cruzando grandes distâncias, desde o ponto de geração até pontos específicos, próximos aos grandes centros de consumo da energia elétrica. É a partir desses pontos que se desenvolvem os sistemas de distribuição, que estão associados ao transporte da energia no varejo, ou seja, do ponto de chegada da transmissão até cada consumidor individualizado, seja ele residencial, industrial ou comercial, urbano ou rural.

Cada uma dessas áreas tem características organizacionais, técnicas, econômicas e de inserção socioambiental específicas.

Descrição técnica sucinta das áreas do suprimento de energia elétrica

Geração de energia elétrica e fontes de energia

A geração (ou produção) de energia elétrica compreende todo o processo de transformação de uma fonte primária de energia em eletricidade, e apresenta uma parte bastante significativa dos impactos ambientais, socioeconômicos e culturais dos sistemas de energia elétrica. Para ilustrar a importância de um desenvolvimento adequado de projetos de geração de energia elétrica, basta verificar a sua significativa participação na produção mundial dos gases do efeito estufa.

Os principais processos de transformação que podem conduzir à geração de eletricidade são: transformações de trabalho gerado por energia mecânica, com o uso de turbinas hidráulicas (acionadas por quedas d'águas, marés) e cata-ventos (acionados pelo vento); transformação direta da energia solar, como por meio do uso de células fotovoltaicas; transformação de trabalho resultante de aplicação de calor gerado pelo sol, por combustão (da energia química), fissão nuclear ou energia geotérmica, feita com a aplicação de máquinas térmicas; e transformação de trabalho resultante de reações químicas, por meio das células a combustível.

Nesse contexto, como já apresentado, as fontes primárias usadas para a produção da energia elétrica podem ser classificadas em não renováveis e renováveis.

Transmissão e distribuição de energia elétrica

Normalmente, a energia elétrica produzida em centrais de geração percorre um longo caminho até o seu local de uso. Esse percurso envolve os sistemas de transmissão e de distribuição. A necessidade do transporte de energia elétrica ocorre por razões técnicas e econômicas, que variam desde a localização da energia primária até o custo da energia elétrica nos locais de consumo.

As centrais de geração convencionais encontram-se longe dos centros de consumo em virtude de sua própria natureza, como no caso de usinas hidrelétricas que dependem de grandes desníveis em rios, ou do fator de economia de escala, como no caso de usinas termelétricas, cujo porte pode implicar a necessidade de localização menos privilegiada em relação à carga.

A energia elétrica gerada nesses aproveitamentos é obtida por geradores elétricos em corrente alternada na frequência nominal da rede elétrica (50 Hz ou 60 Hz). Deve-se lembrar que esses geradores são muito mais robustos e baratos que os de corrente contínua e, por essa razão, é a forma preferencial de geração. Atualmente, outra família de geradores está sendo aprimorada e usada em algumas aplicações. Trata-se dos geradores assíncronos, a partir de máquinas de indução. Entretanto, a maioria dos geradores em uso é de máquina síncrona e a tensão nominal de geração varia dependendo do porte da máquina, desde algumas centenas de volts até 20 ou 25 kV.

Transportar grandes quantidades de energia nesse reduzido nível de tensão não é econômico à luz da atual tecnologia, pois a necessidade de se reduzir as perdas de potência elétrica inerentes ao processo de transmissão implicará na necessidade de condutores com bitolas inimagináveis. Por esse motivo, junto das usinas, subestações elevadoras modificam a energia para o nível de tensão mais adequado, que depende do montante de potência a transportar e da distância envolvida. Próximos dos locais de consumo, subestações transformadoras rebaixam o nível de tensão para um valor intermediário, para que a mesma seja repartida entre vários locais e, em seguida, rebaixada novamente até os diversos níveis de atendimento aos consumidores.

São tensões típicas de transmissão no Brasil os níveis em alta tensão (AT) 138 kV e 230 kV, e em extra-alta tensão (EAT) 345 kV, 440 kV, 500 kV e 765 kV. Há ainda a linha de transmissão de Itaipu em +/- 600 kV, mesma tensão que será utilizada nas linhas em corrente contínua das usinas Santo Antônio e Jirau, no Rio Madeira.

São tensões típicas de distribuição no Brasil os níveis 34,5 kV, 69 kV, 88 kV e 138 kV (na maioria das vezes em sistemas de repartição), as tensões de 3 a 25 kV na rede primária de distribuição e de 110 a 380 V na rede secundária (que alimenta nossas residências).

Em outros países, e de modo particular na Europa, foram normalizados valores de tensão nominal diferentes dos em uso no Brasil, porém, com níveis de tensão similares e executando as mesmas funções das descritas acima.

De forma geral, pode-se caracterizar os sistemas de transmissão por:

- Altos níveis de tensão (igual ou acima de 230 kV).
- Manejo de grandes blocos de energia.
- Distância de transporte razoáveis (normalmente acima de 100 km, no caso do Brasil).
- Sistema com várias malhas, interligando blocos de geração (usinas) a regiões de consumo de grande porte (carga agregada) nos finais ou em pontos bem determinados das linhas.

Os sistemas de distribuição, por sua vez, apresentam:

- Baixos níveis de tensão (abaixo de 230 kV).
- Manejo de menores blocos de energia.
- Menores distâncias de transporte.
- Sistema predominantemente radial em condições normais, podendo haver malhas para atendimento de emergência, em que cada ramal alimenta um grande número de cargas.

Transmissão e interligações

A operação interligada traz grandes vantagens ao dimensionamento de sistemas de transmissão. Permite o melhor uso das fontes de geração, com consequente redução do custo; aumenta a flexibilidade operativa e a confiabilidade de suprimento; e reduz o porte de dimensionamento do sistema, pois se tira vantagem da grande diversidade do uso da energia elétrica nos diversos segmentos de consumo. Por essa razão, os sistemas de transmissão começaram a se interligar há muitas décadas e, hoje, são poucas as regiões desenvolvidas que não fazem parte de sistemas regionais nacionais, ou mesmo transnacionais, que operam interligados.

A principal desvantagem da interligação de diferentes sistemas é a necessidade de uma operação segura do ponto de vista da estabilidade entre geradores, ou seja, um distúrbio em um local pode provocar o desligamento de outros geradores em locais mais distantes (um efeito dominó), agravando substancialmente o defeito. Isso deve e pode ser evitado por meio de um dimensionamento adequado do sistema para defeitos frequentes e de melhoria do sistema de proteção, com a adoção de proteções que isolam a área defeituosa.

Outra possível desvantagem de uma forte interligação é o aumento dos níveis de corrente de curto-circuito, o que ocasiona a necessidade de equipamentos mais dispendiosos nas subestações. O aumento dos níveis de curto-circuito, por outro lado, também ocasiona efeitos vantajosos, como a melhoria do desempenho do sistema diante de perturbações do tipo de correntes harmônicas, variações da tensão por causa de manobras de cargas ou equipamentos elétricos etc.

Distribuição de energia elétrica

A energia elétrica é insumo de maior importância em todos os segmentos da sociedade moderna, desde atividades industriais de grande porte, como complexos siderúrgicos, até no apoio aos hábitos cotidianos dos cidadãos mais simples, por meio da iluminação residencial. Distribuir energia elétrica é entregar este produto a todos os locais de consumo (indústrias, lojas, residências, escritórios, fazendas etc.) no montante e no nível de tensão desejados pelo consumidor.

A distribuição de energia elétrica é vista, usualmente, como um monopólio natural, ou seja, a exploração do serviço de distribuição aos pequenos consumidores de uma mesma região, por mais de uma empresa, não é economicamente viável, provocando sua realização por apenas uma empresa. Como outros serviços públicos, a distribuição de energia elétrica é direito do cidadão, e é dever do Estado zelar por este direito. Há casos em que o próprio Estado operacionaliza a distribuição por meio de empresas por ele controladas, e em outros, o Estado concede a terceiros a exploração desse serviço, segundo normas e procedimentos regulamentados e fiscalizados pelo poder público.

Conforme foi visto, há tecnologias diferentes para os segmentos de transmissão e de distribuição aos tantos consumidores que necessitam de energia. Por exemplo, enquanto a transmissão utiliza altos níveis de tensões e entrega grandes blocos de energia a poucos centros consumidores, a distribuição se faz com reduzidos valores de níveis de tensão, fornecendo pequenas quantidades de energia a um grande número de consumidores finais. As tecnologias e os processos são tão diferentes, que caracterizam negócios distintos, com frequência exercidos por empresas de características muito diversas.

A natureza das obras e das redes é também diferente. Na transmissão, um pequeno número de obras consome um grande volume de recursos. O planejamento da distribuição, por sua vez, trata de um numeroso conjunto de obras de pequeno e médio porte que são necessárias para que os padrões do produto fornecido sejam adequados nos milhares de pontos de consumo.

Cabe às empresas de distribuição de energia elétrica a função de comprar grandes blocos de energia das supridoras, ajustar o nível de tensão a patamares próprios para o consumo de sua clientela (normalmente formada por milhares de consumidores), manter a rede de distribuição e as instalações técnicas operando de maneira adequada, e prestar serviço de atendimento técnico comercial aos seus clientes.

O sistema de distribuição de energia elétrica é uma estrutura dinâmica, constituída por linhas, subestações, redes de média e baixa tensão, que busca suprir as cargas, atendendo a requisitos técnicos e de qualidade na esfera de um ambiente socioeconômico que o afeta e é por ele influenciado.

O relacionamento da empresa com o consumidor e com o mercado caracteriza os condicionantes que determinam como a empresa deve se comportar tecnicamente, tanto no que diz respeito aos investimentos na expansão quanto ao atendimento dos atuais consumidores. A função de comercialização trata da venda do produto ao consumidor, do atendimento técnico comercial (novas ligações, orientações quanto ao uso da energia elétrica) e da prospecção e projeção de mercado.

As várias modalidades de uso final da energia elétrica caracterizam diversos tipos de consumidores atendidos: residenciais; comerciais; industriais; iluminação pública; poderes e serviços públicos; rurais.

Aplicações da energia elétrica

O propósito fundamental do uso da energia, incluindo a energia elétrica, é ajudar na satisfação das necessidades e dos desejos do homem.

O processo do uso final da energia, ilustrado na Figura 1.24, começa com a obtenção da energia de alimentação pelo consumidor que é transformada em energia útil por meio de uma tecnologia de uso final. Por exemplo, um aquecedor residencial (tecnologia de uso final) transforma o GN, o GLP (do botijão de gás) ou a eletricidade (energia de alimentação) em calor, ou seja, energia útil. Esta, então, é usada por tecnologias de serviço, tais como aquecimento da água, iluminação e transporte.

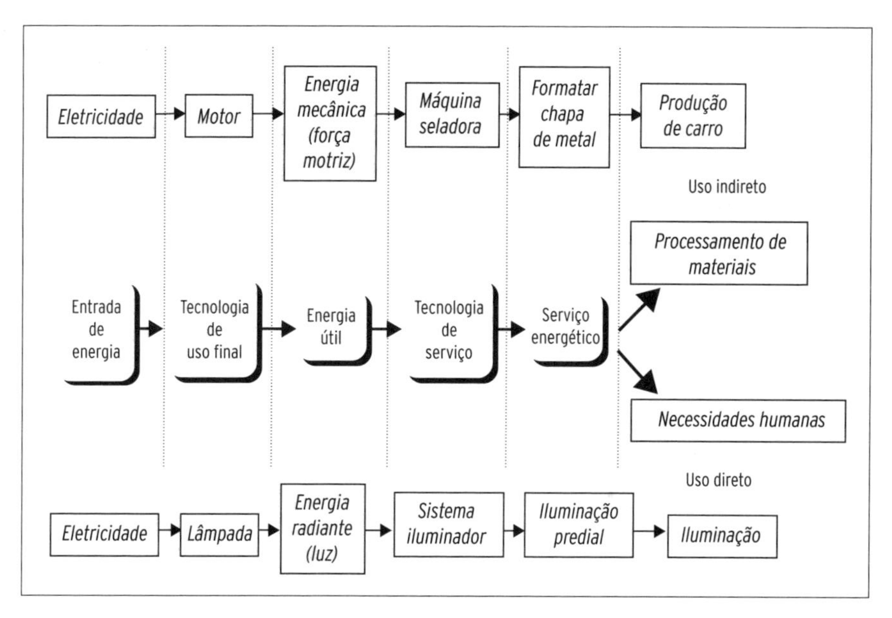

Figura 1.24: Processo de uso final da energia.

Fonte: Reis et al. (2005).

A tecnologia de serviço, que usa como matéria-prima a energia útil para fornecer um serviço energético, define os limites entre o sistema que fornece o serviço energético e o meio ambiente. Em muitos casos, a tecnologia de serviço é o sistema físico, no qual a tecnologia de uso final opera. As características da tecnologia de serviço determinam a quantidade de energia útil requerida para fornecer o serviço energético. Por exemplo, os níveis de isolação e os graus de infiltração determinam a quantidade de calor requerida para aquecer uma casa em um determinado clima.

Atualmente, os principais usos finais da eletricidade no mundo referem-se aos serviços de iluminação, força motriz, aquecimento, refrigeração, entre outros que incluem os serviços de equipamentos eletrônicos e de tecnologia digital, utilizados em escritórios e residências. Uma breve descrição de cada um desses serviços é efetuada a seguir.

Iluminação

O sistema de iluminação é formado por outros elementos, além da própria lâmpada, conforme esquematizado na Figura 1.25.

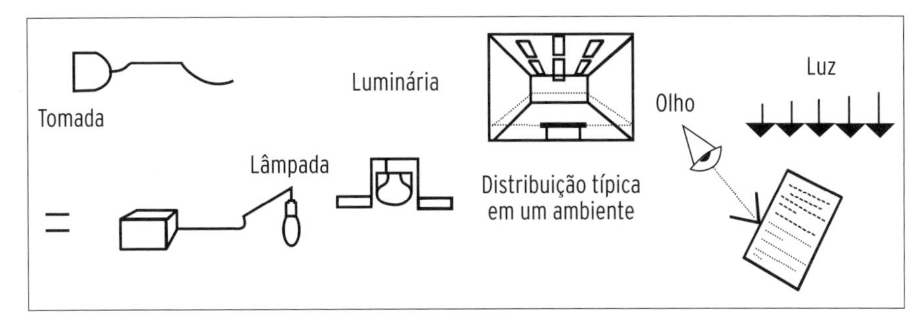

Figura 1.25: Elementos básicos de um sistema de iluminação.

Fonte: Reis et al. (2005).

O processo pelo qual a eletricidade torna-se luz, resultando em uma manifestação que alcança os olhos, é verdadeiramente complexo, e a sua compreensão é ainda incompleta. Há muita controvérsia sobre essa questão, como, por exemplo, sobre o desempenho visual, ou seja, a velocidade a que os olhos funcionam, a precisão com que uma tarefa visual é executada e a quantidade de iluminação necessária para desempenhar o trabalho visual. Normalmente, são utilizados modelos e normas de referência em diferentes países (no Brasil, isto é estabelecido pela NBR-5.413).

O fluxo luminoso, medido em lúmens, é distribuído acima da tarefa visual e, conjuntamente com o fundo, produz o contraste, que é o principal componente da visibilidade.

A fonte de luz é o ponto no qual a energia elétrica é transformada em energia radiante e a eficácia desta é medida em lúmens por watt. A sensibilidade do olho humano não permite uma medida simples, relacionando saída radiante *versus* entrada elétrica, pois a resposta do olho varia pelo espectro visível.

A fonte de luz é o elemento crítico do sistema de iluminação, pois a lâmpada tem vida curta se comparada aos outros elementos do sistema. O desempenho da lâmpada tem características dinâmicas; por exemplo, a eficácia da lâmpada muda no decorrer do tempo, às vezes, aceleradamente; o rendimento pode ser afetado pela temperatura do meio ambiente; as características da cor, segundo a operação da fonte; a sujeira pode causar perda de rendimento da luz; as variações no fornecimento da eletricidade podem diminuir a vida útil da lâmpada, seu rendimento ou a eficácia da luz. Um bom projeto de iluminação deverá buscar o melhor uso dessas fontes de diferentes eficácias luminosas, considerando a aplicação em andamento e uma melhor integração com os recursos naturais locais.

Há uma grande variedade de tipos de lâmpadas elétricas, que apresentam diferentes características e podem ser agrupadas de maneiras distintas, como, por exemplo, em incandescentes e de descarga, para ambientes interiores e exteriores.

Força motriz

No geral, o consumo da energia elétrica para utilização da força motriz propiciada pelos motores elétricos corresponde a cerca de 2/3 de todo o uso de eletricidade. Motores elétricos de diferentes modelos são utilizados para movimentar os vários tipos de cargas mecânicas em instalações industriais, comerciais e residenciais; e uma enorme quantidade de motores de pequena potência está embutida em diversos eletrodomésticos, como liquidificadores, máquinas de lavar e secar, aparelhos de barbear, ventiladores, secadores de cabelo, aparelhos de ar-condicionado etc. Embora os componentes do sistema motor elétrico em si se mostrem eficientes, apenas 5 a 10% do recurso energético primário chega a ser usado efetivamente, em razão da influência dos vários equipamentos intermediários que formam parte do sistema de força motriz.

Apesar do seu importante papel na economia, o avanço tecnológico dos motores elétricos pode ser considerado como mínimo quando comparado à intensa revolução que tiveram, e ainda têm, as tecnologias de comunicação e informática. Contudo, a força motriz conta hoje com novos desenvolvimentos que têm mudado os conceitos de acionamentos dos motores elétricos, melhorando o uso da energia que os aciona de forma racional e eficiente.

Atualmente, a moderna eletrônica de estado sólido, os materiais magnéticos e outras tantas tecnologias estão revolucionando os sistemas de força motriz elétrica no mundo todo, proporcionando melhor desempenho dos motores elétricos por meio do ajuste da velocidade e do controle da frequência feito eletronicamente.

Aquecimento

O uso da energia elétrica, para gerar calor e permitir a transferência da energia térmica ao elemento a ser aquecido, tem vários objetivos e diferentes princípios, sendo disponíveis muitas tecnologias eletrotérmicas com características específicas de distribuição espacial de calor e de densidade de energia transferida. As tecnologias de aquecimento elétrico vêm sendo desenvolvidas em seus usos tradicionais, mas atuando pouco em novas aplicações, em razão do baixo rendimento e alto custo, quando comparadas a outras tecnologias alternativas.

O aquecimento com eletricidade, tecnicamente, abrange todos os processos, utilizando energia elétrica para conversão em energia útil. Nesse contexto, o ponto em que a energia é convertida em calor determina a classe de aquecimento. Pode-se obter aquecimento aplicando diretamente a eletricidade na forma de um campo eletromagnético ao objeto a ser aquecido (a conversão em calor acontece no interior do elemento-alvo) ou pode-se ter aquecimento indireto usando um meio para transferir calor, de forma que a energia é convertida em calor fora do elemento a ser aquecido (a transferência acontece por meio de convecção, radiação, condução ou da combinação destes). Pode-se também verificar uma mistura dos tipos de aquecimento direto e indireto (aquecimento por arco voltaico).

Existem variadas formas da eletrotermia no mundo. Há uma significativa quantidade de tecnologias e técnicas para aplicação nos processos, incluindo: aquecimentos resistivo, indutivo, dielétrico, por arco, por emissão de plasma, por emissão de elétrons e por emissão a laser.

Existe uma ampla gama de sistemas energéticos que permitem o uso da eletricidade para aquecimento e também várias possibilidades de combinações para responder às necessidades socioculturais, sejam elas residenciais (chuveiros, fornos, água quente etc.), industriais (calor de processo, fundições etc.) ou públicas, entre outras mais específicas. Embora, hoje, o uso industrial da energia elétrica para aquecimento seja mais caro que outras alternativas em geral e as possibilidades de incrementar a eficiência sejam mínimas, houve momentos, no passado recente, em que se utilizou a eletrotermia como incentivo para o uso da energia elétrica disponível. Isso aconteceu, no Brasil, de 1975 a 1985, em razão das decisões políticas, sendo hoje muito custoso manter sistemas eletrotérmicos, o que faz com que a passagem a outros energéticos seja praticamente inevitável.

Refrigeração

A refrigeração é um dos usos finais de importância significativa no mercado de energia elétrica, não somente no setor residencial, mas também em alguns ramos industriais e de serviços, como, por exemplo, a indústria alimentícia, de supermercados etc. Um sistema de refrigeração constitui-se basicamente de um ciclo fechado para um fluido frigorífico, que percorre um circuito, passando por um compressor, um condensador, uma válvula de expansão termostática e um evaporador. Percorrendo tal circuito, o fluido retira calor do meio (ou ambiente) que se quer resfriar, por meio do evaporador, e o transfere ou dissipa ao ambiente exterior, com o uso do condensador.

Simplificadamente, isso pode ser explicado da seguinte forma: o compressor aspira os vapores do fluido frigorífico formado no evaporador, elevando a sua pressão e temperatura. Nessa condição, o fluido passa ao condensador (que é apenas um trocador de calor), no qual, sob pressão constante, sofre uma transformação de estado, condensando-se com a dissipação de parte de seu calor para o exterior. Isso pode ser feito por resfriamento direto pelo ar externo (o calor dissipado na parte traseira de uma geladeira doméstica, por exemplo) ou por água. Uma vez liquefeito e em temperatura próxima à do ambiente exterior, o fluido é admitido na válvula de expansão, na qual sofre redução brusca de pressão, provocando uma queda acentuada de temperatura. Assim, fecha-se o ciclo, sendo o fluido admitido no evaporador, no qual absorve calor do ambiente ou do meio que se deseja resfriar (da parte interna da geladeira doméstica, no mesmo exemplo anterior).

No caso do sistema de expansão direta, o evaporador é instalado no ambiente que se deseja resfriar, atuando assim diretamente nesse ambiente. Já no caso do sistema de condensação à água, a retirada de calor do condensador é feita por meio de um circuito forçado de água, utilizando-se bombas de água e torres de resfriamento. Para aumentar a produtividade nesse sistema, o calor do fluido é retirado do condensador pela água e é transferido à atmosfera por meio do arrefecimento da água nas torres de resfriamento.

Um refrigerador é, em geral, um compartimento mantido a baixas temperaturas, por exemplo, para conservação de alimentos. A eletricidade é usada de maneira indireta, basicamente por meio de um motor compressor. Em geral, encontram-se três modelos de equipamentos de refrigeração residencial, como: refrigeradores (ou geladeiras), congeladores (freezer) e geladeira/freezer combinados. A geladeira doméstica trabalha entre -6 e 4°C, os congeladores resfriam alimentos por dia a -18°C, e os conservadores somente conservam os já congelados.

Outros usos finais

Os usos finais da energia elétrica já apresentados (iluminação, força motriz, aquecimento e refrigeração) representam, de forma geral, a base fundamental de todos os serviços de que o ser humano pode dispor por meio da eletricidade. Há, entretanto, novos tipos de serviços que vêm crescendo em importância.

Um uso final que vem crescendo acentuadamente, por causa do grande avanço e popularização da informática e da telecomunicação, pode ser caracterizado pelos equipamentos eletrônico-digitais, de escritório e residências, como computadores pessoais e *laptops*. Esses sistemas, na realidade, têm se disseminado a uma velocidade espantosa e, por terem grande flexibilidade e baixo custo, espalharam-se muito além dos escritórios, fazendo parte dos equipamentos básicos de muitas residências, até mesmo porque a tecnologia da informação tem cada vez mais permitido a execução de serviços a partir da própria residência de diversos profissionais. Por enquanto, são colhidos e interpretados dados e informações acerca destes componentes nos diferentes setores de uso de eletricidade. Sabe-se que o uso de energia varia para um mesmo tipo de equipamento. Por exemplo, o microcomputador de mesa usa aproximadamente dez vezes a energia que usa um modelo portátil (*laptop*).

A eletrônica de escritório e a residencial ainda não comportam uma definição simples ou amplamente aceita. Parece lógico, entretanto, que os serviços prestados nesse setor sejam considerados em sua variedade, tais como microcomputadores, estações, minicomputadores com terminais, usos periféricos de computadores para armazenamento de dados, comunicação intra e interescritório ou residência. Nesse contexto, este uso final merece uma classificação própria em razão de suas características específicas e de sua crescente importância para a sociedade moderna.

Do ponto de vista do consumo energético, a importância desses equipamentos se deve muito mais à quantidade. Isso porque o consumo unitário não é tão significativo, o que também ocorre com outros equipamentos eletrônicos domésticos, como TVs, DVDs, fax etc. Tais equipamentos causam grande preocupação também quanto à qualidade da energia, pois causam distorções que precisam ser corrigidas, por exemplo, por meio de filtros elétricos adequados.

INDICADORES ENERGÉTICOS

Conforme já visto, a energia está presente em todas as atividades humanas e, sendo obtida por meio de transformações de recursos naturais, sua utilização de forma adequada é uma das questões fundamentais da sobrevivência da humanidade.

No cenário complexo que envolve a energia em suas relações com a vida no planeta Terra, ressalta-se a importância dos indicadores energéticos que, admitindo a associação das diversas formas de energia com aspectos econômicos, ambientais, sociais e tecnológicos, permitem uma avaliação objetiva das diversas trajetórias do ser humano, incluindo seu encaminhamento na busca da sustentabilidade.

Nesse contexto, os indicadores energéticos apresentam as seguintes características básicas principais:

- Indicadores energéticos podem ser elaborados em âmbito global, assim como em âmbitos regionais, locais e específicos, em função do tipo de análise em que são utilizados.
- A evolução passada e as prospecções futuras dos indicadores energéticos são informações fundamentais para o planejamento, em qualquer nível, e podem

ser utilizadas para o estabelecimento de políticas mundiais e nacionais, planejamento estratégico de empresas e até mesmo para o planejamento familiar e pessoal (no contexto da eficiência energética residencial, por exemplo).

- Conforme visto, a cadeia energética completa engloba não somente a produção (oferta), como também a transferência (transporte) da energia ou energéticos e, como meta básica, os usos finais (consumo).

A seguir, os indicadores energéticos são tratados segundo os assuntos apontados, do global ao local, enfatizando alguns aspectos importantes relacionados ao tema deste livro, quando necessário.

Indicadores em âmbito global

Em seu contexto mais amplo, indicadores (não apenas energéticos) podem ser associados a metodologias para se medir o grau de desenvolvimento de uma sociedade e da sustentabilidade de seus sistemas produtivos. Para isso, sua utilização deve ser orientada para captar a dinâmica do processo evolutivo, permitindo a avaliação do "custo" do progresso alcançado tanto no presente quanto para as gerações futuras.

Nesse contexto, é possível identificar alguns indicadores de desenvolvimento, especificamente ligados à questão energética, que podem refletir a situação de um local, região ou país em relação à sustentabilidade energética.

Indicadores energéticos, em geral, relacionam o consumo de energia com variáveis importantes dos processos, sistemas ou setores sob análise, de forma a permitir um monitoramento dos resultados das políticas energéticas.

Esses indicadores podem se referir a aspectos mais gerais ou buscar retratar situações mais específicas de modo mais detalhado. É possível reconhecer, como apresentado na Figura 1.26, uma *pirâmide hierárquica de indicadores energéticos*.

A escolha dos melhores indicadores para uma determinada avaliação dependerá de cada caso. Por exemplo, quando atrelados à sustentabilidade, os indicadores energéticos devem buscar refletir as seguintes linhas de referência básica, associadas às soluções energéticas aventadas ao *desenvolvimento sustentável*:

- Diminuição do uso de combustíveis fósseis (carvão, óleo, gás) e aumento do uso de tecnologias e combustíveis renováveis, com o intuito de alcançar uma matriz renovável a longo prazo.
- Aumento da eficiência do setor energético desde a produção até o consumo. O potencial aumento da demanda energética pode ser controlado por meio dessa medida, principalmente em países desenvolvidos onde a demanda deve crescer de forma mais moderada. Nos países em desenvolvimento, tais medidas irão se refletir na diminuição das necessidades energéticas associadas à melhor distribuição do desenvolvimento.
- Mudanças no setor produtivo como um todo, voltadas ao aumento de eficiência no uso de materiais, transporte e combustíveis.
- Incentivos ao desenvolvimento tecnológico do setor energético no sentido de buscar alternativas ambientalmente benéficas. Isso inclui também melhorias nas atividades de produção de equipamentos e materiais para o setor, e de exploração de combustíveis.
- Estabelecimento de políticas energéticas que favoreçam a formação de mercados para tecnologias ambientalmente benéficas e penalizem as alternativas não sustentáveis.

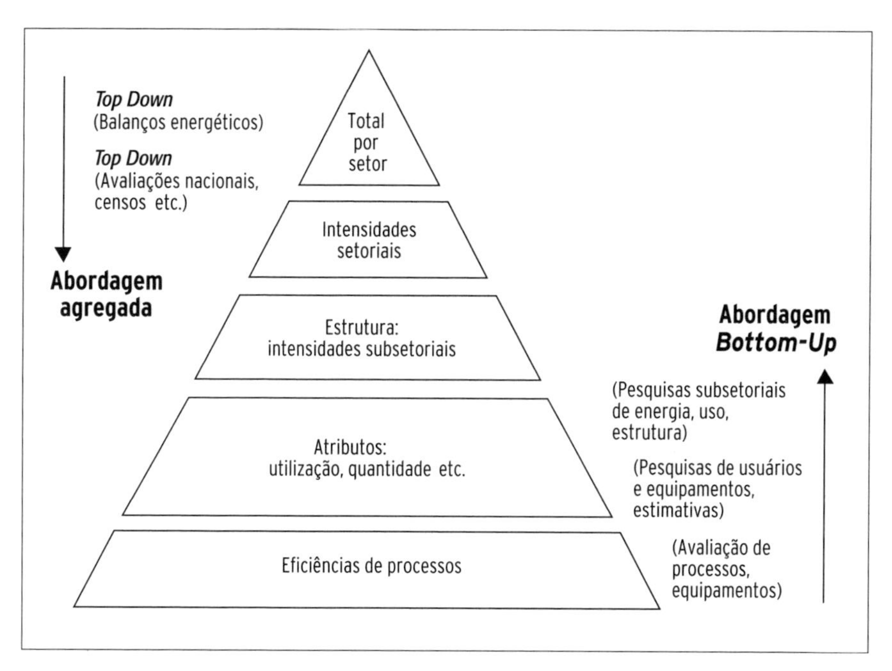

Figura 1.26: Pirâmide de indicadores energéticos.

Fonte: OECD/IEA (1997).

- Incentivo ao uso de combustíveis menos poluentes. Em um período transitório, por exemplo, o GN tem vantagens sobre o petróleo ou carvão mineral por produzir menos emissões.

Como consequência, diversas instituições têm sugerido indicadores com diferentes objetivos, formando uma base de referência que pode ser utilizada quando for necessário estabelecer algum conjunto de indicadores específicos.

A Commission on Sustainable Development (CSD) - dentro da ONU -, em 2006, sugeriu um total de 96 indicadores, abrangendo aspectos sociais, ambientais, econômicos e institucionais, entre os quais podem ser ressaltados os seguintes indicadores associados ao setor energético:

- Relacionados à dimensão social – consumo de combustível por veículo de transporte e despesa per capita com infraestrutura.
- Relacionados à dimensão de meio ambiente – emissão de gases do efeito estufa, emissão de óxido de enxofre, emissão de óxido de nitrogênio, consumo de substâncias que destróem a camada de ozônio, concentração de poluentes ambientais em áreas urbanas, despesas com a redução da poluição do ar, uso de energia na agricultura.
- Relacionados à dimensão econômica – consumo anual de energia, tempo de vida das reservas energéticas, compartilhamento de consumo de recursos energéticos renováveis.

O conjunto de indicadores de mobilidade sustentável, apresentado no relatório "Mobility 2030: meeting the challenges of sustainability", do World Business Council for Sustainable Development (WBCS), foi de grande importância, por causa do peso considerável do transporte no consumo energético. Desse conjunto de 21 indicadores, podem ser ressaltados os seguintes, diretamente relacionados com a energia, embora grande parte dos demais também o seja, de forma indireta:

- Emissão de gases de efeito estufa.
- Impactos ambientais convencionais relacionados ao transporte.
- Impactos em ecossistemas.
- Uso de recursos naturais – uso de energia relacionada ao transporte e à segurança energética.

Com base nas linhas de referência energéticas para o desenvolvimento sustentável apresentadas anteriormente, podem ser encontradas propostas de diversos conjuntos de indicadores específicos para retratar a sustentabilidade do setor energético como um todo. Um exemplo é o conjunto de oito indicadores apresentados no Quadro 1.9, dois para cada uma das quatro dimensões – ambiental, social, econômica e técnológica –, sugeridos por um grupo internacional de especialistas na área energética, denominado Helio International, rede não governamental fundada em 1997, com sede em Paris.

Quadro 1.9: Indicadores de sustentabilidade energética e valores vetores

DIMENSÃO	INDICADOR	ALVO DE SUSTENTABILIDADE (VETOR = 0)	REFERÊNCIA PARA INSUSTENTABILIDADE (VETOR = 1)
Ambiental	**1. Impactos globais:** emissões *per capita* de carbono no setor energético	70% de redução em relação a 1990: 339 kgC/*capita*	Média global em 1990: 1.130 kgC/*capita*
	2. Impactos locais: nível dos poluentes locais mais significantes relacionados à energia	10% do valor de 1990	Nível de poluentes em 1990
Social	**3. Domicílios com acesso à eletricidade:** percentual de domicílios com acesso à eletricidade	100%	0%
	4. Investimento em energia limpa como um incentivo à criação de empregos: investimento em energia renovável e eficiência energética em usos finais como um percentual do total de investimentos no setor energético	95%	Nível de 1990
Econômico	**5. Exposição a impactos externos:** Exportação: exportação de energia não renovável como um percentual do valor total de exportação Importação: importação de energia não renovável como um percentual da oferta total primária de energia	Exportações: 0% Importações: 0%	Exportações: 100% Importações: 100%

(continua)

Quadro 1.9: Indicadores de sustentabilidade energética e valores vetores (*continuação*)

DIMENSÃO	INDICADOR	ALVO DE SUSTENTABILIDADE (VETOR = 0)	REFERÊNCIA PARA INSUSTENTABILIDADE (VETOR = 1)
Econômico	**6. Carga de investimentos em energia no setor público:** investimento público em energia não renovável como percentual do PIB	0%	10%
Tecnológico	**7. Intensidade energética:** consumo de energia primária por unidade de PIB	10% do valor de 1990: 1,06 MJ/US$(*)	Média global de 1990: 10,64 MJ/US$(*)
	8. Participação de fontes renováveis na oferta primária de energia: oferta de energia renovável como um percentual da oferta total primária de energia	95%	Média global de 1990: 8,64%

Fonte: Helio International (2000).
(*) Valores em US$ de 1990.

Cada um desses indicadores é associado a um vetor para o qual o valor unitário (1) indica uma medida do *status quo*, ou seja, uma média global ou de dados históricos nacionais; o valor nulo (0) é usado para indicar o alvo de sustentabilidade. Isso permite a verificação do encaminhamento para o desenvolvimento sustentável, assim como a realização de comparações entre locais, regiões ou países.

A utilização desse vetor como uma forma de medir o encaminhamento para a sustentabilidade representa um exemplo da utilização de indicadores energéticos como referências (*benchmarks*) a serem atingidas ao longo do tempo. Essa utilização dos indicadores pode ser uma ferramenta importante para o planejamento.

Esse conjunto de oito indicadores pode também ser representado por meio de um diagrama de radar, como mostrado na Figura 1.27, no qual os indicadores representam os pontos do radar. Uma vez que o valor 0 está no centro do radar, quanto menor for a área do mesmo, mais sustentável será o sistema energético em questão.

Deve-se notar que o indicador de produtividade energética (PIB/energia consumida) é o inverso do indicador de intensidade energética (energia consumida/PIB), largamente utilizado para representação da evolução da eficiência energética, no que diz respeito às nações.

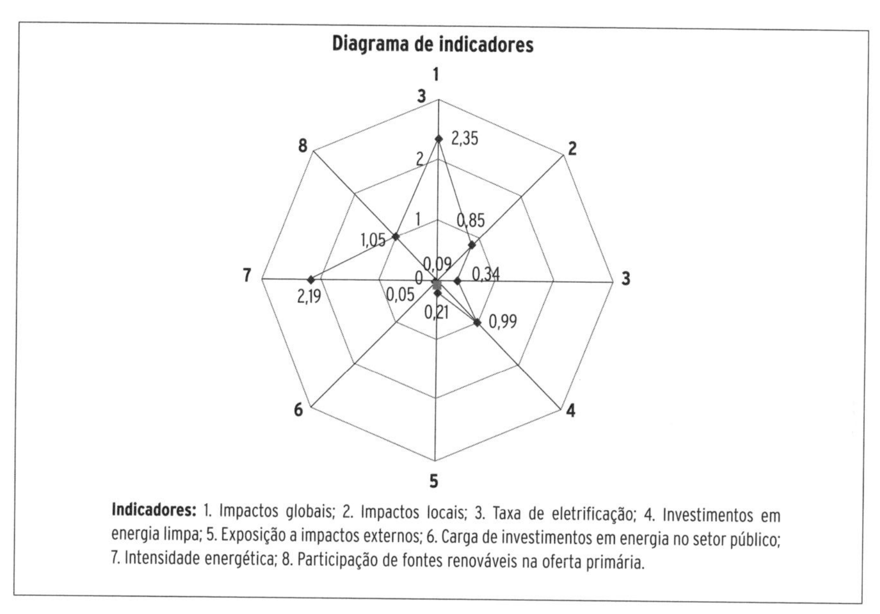

Figura 1.27: Diagrama de indicadores.

Fonte: Helio International (2000).

No contexto global, é também importante citar os diversos indicadores energéticos que são apresentados, ou mesmo possíveis de serem calculados, utilizando as informações de matrizes energéticas desenvolvidas em nível global, tais como as elaboradas pela IEA (www.iea.org) e pela EIA-DOE dos Estados Unidos (www.eia.doe.gov), que também apresentam dados concernentes ao Brasil. Alguns exemplos dos referidos indicadores são apresentados na Tabela 1.3.

Tabela 1.3: Exemplos de indicadores energéticos (para 2005)

REGIÃO/PAÍS	CONSUMO TOTAL ENERGÉTICO MTOE (*)	CONSUMO DE ELETRICIDADE TWh (**)	EMISSÕES DE CO_2 Mt (***)	CONSUMO TOTAL *PER CAPITA* TOE/*CAPITA*	INTENSIDADE ENERGÉTICA (CONSUMO PIB) TOE/2.000 US$	EMISSÕES CO_2 CONSUMO ENERGÉTICO tCO_2/TOE
Mundo	11.434	46.695	27.136	1,78	0,32	2,37
Países da OECD	5.548	9.800	12.910	4,74	0,20	2,33

(continua)

Tabela 1.3: Exemplos de indicadores energéticos (para 2005) (*continuação*)

REGIÃO/PAÍS	CONSUMO TOTAL ENERGÉTICO MTOE (*)	CONSUMO DE ELETRICIDADE TWh (**)	EMISSÕES DE CO_2 Mt (***)	CONSUMO TOTAL *PER CAPITA* TOE/*CAPITA*	INTENSIDADE ENERGÉTICA (CONSUMO PIB) TOE/2.000 U$	EMISSÕES CO_2 CONSUMO ENERGÉTICO tCO_2/TOE
Oriente Médio	503	558	1.238	2,69	0,64	2,46
Antiga União Soviética	980	1.119	2.303	3,44	1,87	2,35
Ásia (sem China)	1.286	1.343	2.591	0,62	0,65	2,01
América Latina	500	761	938	1,11	0,31	1,88
África	605	503	835	0,68	0,83	1,38
Brasil	209,53	375,19	329,28	1,12	0,31	1,57
China	1.735	2.363	5.101	1,32	0,83	2,94
Alemanha	344,75	586,41	813,48	4,18	0,18	2,36
Índia	537,31	525,93	1.147,46	0,49	0,83	2,14
Estados Unidos	2.340,29	4.046,60	5.816,96	7,89	0,21	2,49

(*) Megatoneladas equivalentes de petróleo.

(**) Terawatts-hora.

(***) Megatoneladas de CO_2.

Fonte: IEA (2009).

Indicadores em âmbito nacional e regional

Nesse cenário, no Brasil, é importante citar os diversos indicadores energéticos que são apresentados, ou mesmo possíveis de serem calculados, utilizando as informações do BEN, elaborado pelo Ministério de Minas e Energia (MME) [www.mme.gov.br], dos balanços energéticos estaduais e dos planejamentos energéticos, os quais enfocam a trajetória energética do país e dos referidos estados. Esse assunto será tratado mais especificamente no Capítulo 3.

Indicadores de oferta e consumo

Conforme visto, a cadeia energética é formada pela oferta, pelo transporte e pelo consumo. Diversos indicadores podem ser estabelecidos para cada um desses componentes, ressaltando os relacionados com a oferta e o consumo.

Um indicador que pode ser apresentado como exemplo do lado da oferta, típico das usinas hidrelétricas, é o que relaciona a área inundada pelo reservatório da usina com a potência instalada, representando a área inundada por unidade de potência, como mostrado na Tabela 1.4, elaborada para permitir uma visão comparativa das usinas projetadas para o rio Madeira com outras usinas da Região Amazônica.

Tabela 1.4: Relação área do reservatório/potência de usinas da Região Amazônica

USINA	ÁREA DO RESERVATÓRIO KM²	POTÊNCIA MW	KM²/MW
BALBINA	2.360	250	9,44
SAMUEL	584	217	2,69
MANSO	387	210	1,84
TUCURUÍ			
Etapa 1	2.414	4.000	0,61
Etapa 2		8.000	0,30
SANTO ANTÔNIO	271 (110*)	3.580	0,07 (0,03*)
JIRAU	258 (140*)	3.900	0,07 (0,04*)

(*) Descontando a área do rio Madeira.

Fonte: Furnas/Odebrecht (2004).

Diversos outros indicadores energéticos do lado da oferta podem ser utilizados. Os custos unitários da potência instalada e da fornecida (ambos em U$ ou R$ por MWh) são indicadores econômicos clássicos no setor de energia elétrica. A emissão de poluentes por unidade de potência instalada é um indicador do lado da oferta, típico das centrais termelétricas.

A energia consumida no processo completo de sua obtenção por unidade de combustível fóssil produzido, o número de habitantes deslocados por causa do projeto hidrelétrico, e a área utilizada por uma fazenda eólica, são outros exemplos que demonstram a grandeza do cenário de indicadores energéticos possível do lado da oferta. Sua identificação e utilização dependerão dos objetivos da avaliação energética efetuada.

Do ponto de vista do consumo, podem ser estabelecidos vários indicadores energéticos, como os índices de consumo de energia e de intensidade energética apresentados nas Tabelas 1.5 e 1.6, respectivamente.

Tabela 1.5: Índices de consumo de energia

	ÍNDICE
Edificações	
Consumo mensal	kWh/mês – kWh/m².mês
Consumo anual	kWh/ano – kWh/m².ano
Potência instalada	W/m²
Transportes	
Automóveis	km/L
Caminhões	km/L/t
Aviões	km/L/passageiro
Produção de bens de consumo ou serviços	
Consumo de energia	MWh/mês – MWh/ano
Equipamentos	
Em geral	kWh/mês – kWh/ano
Aparelhos de ar condicionado	EER – Btu/h/W – kWh/m² – kWh/m³
Refrigeradores	kWh/ano/L
Lâmpadas	lm/W
Atividade humana	Gcal/ano

Fonte: Reis e Silveira (2002).

Tabela 1.6: Indicadores de intensidade energética

SETOR	INDICADOR
Industrial	tEP/mil US$ produzidos; GWh/mil US$ produzidos
Comercial	tEP/mil US$ gerados – GWh/mil US$ gerados
Residencial	
Consumo	MWh/hab
Taxa de atendimento	%
Índices gerais	
Consumo final de energia/população	tEP/hab
Consumo final de energia/PIB	tEP/mil US$

Fonte: Reis e Silveira (2002).

É importante notar que, quanto mais específica é a aplicação, mais facilmente pode-se relacionar a oferta (que, na maioria dos casos, pode ser associada à aquisição das diversas formas de energia) com o consumo (em suas variadas formas e opções). Isso pode dar mais segurança para o estabelecimento de políticas de substituição de energéticos e de eficiência energética, tanto aquelas relacionadas à utilização de novas tecnologias, quanto as relacionadas à educação (mudança de hábitos de consumo e combate ao desperdício).

Indicadores setoriais e locais

São indicadores com menor âmbito de atuação que os globais, nacionais e regionais, mas de grande importância para o estabelecimento de políticas e estratégias mais focadas. Tais indicadores podem ser estabelecidos, por exemplo, para setores industriais, comerciais, residenciais, e até mesmo para unidades específicas de indústria, comércio e residência. Em razão de sua importância específica no contexto global de matrizes energéticas, esses indicadores são enfocados mais detalhadamente no Capítulo 4, com exemplos de aplicação.

EXERCÍCIOS

1) Tendo como base a Figura 1.1, aqui usada para representar, em sua forma mais geral, a cadeia energética, identifique os principais componentes do setor do petróleo, desde a obtenção dos recursos naturais primários até os produtos de consumo energético e não energético.
2) Tendo como base a Figura 1.1, aqui usada para representar, em sua forma mais geral, a cadeia energética, identifique os principais componentes do setor do GN, desde a obtenção dos recursos naturais primários até os produtos de consumo energético e não energético. Compare com a cadeia do petróleo e reflita sobre as significativas diferenças entre elas.
3) Tendo como base a Figura 1.1, aqui usada para representar, em sua forma mais geral, a cadeia energética, identifique os principais componentes do setor do carvão mineral, desde a obtenção dos recursos naturais primários até os produtos de consumo energético e não energético.
4) Tendo como base a Figura 1.1, aqui usada para representar, em sua forma mais geral, a cadeia energética, identifique os principais componentes do setor nuclear, desde a obtenção dos recursos naturais primários até os produtos de consumo energético e não energético.

5) Tendo como base a Figura 1.1, aqui usada para representar, em sua forma mais geral, a cadeia energética, identifique os principais componentes do setor de energia elétrica, desde a obtenção dos recursos naturais primários até os produtos de consumo energético e não energético.
6) Considerando todos os produtos e usos finais, assim como todos os setores energéticos enfocados neste capítulo, identifique, inicialmente, quais são os setores cujos produtos fazem parte do seu dia a dia, indicando o maior número possível de produtos para cada setor.
7) Considerando os usos finais da energia elétrica apresentados neste capítulo, identifique sua ocorrência nos principais eletrodomésticos existentes em: a) sua residência; b) seu local de trabalho (qualquer que ele seja).
8) Considerando sua resposta à questão anterior, estabeleça pelo menos cinco indicadores energéticos para os usos finais e os respectivos eletrodomésticos identificados em: a) sua residência; b) seu local de trabalho (qualquer que ele seja).

2 Planejamento e políticas energéticas, balanço energético e prospecção da matriz energética

INTRODUÇÃO

A matriz energética, relacionando a oferta total de energia (a partir dos recursos naturais primários e de suas transformações em recursos energéticos secundários) com as diferentes formas de consumo e considerando adequadamente as diversas cadeias energéticas, permite uma visão global da questão energética do objeto enfocado – seja ele o mundo, uma nação, uma região dentro de uma nação (um estado do Brasil, por exemplo) ou até mesmo um contexto delimitado, como uma unidade industrial, comercial ou residencial. Essa visão global da situação presente e do passado histórico é de grande valia para ações de gerenciamento ou gestão de energia e pode servir de ajuda para ações de planejamento que orientarão o encaminhamento dos processos gerenciados ao longo do tempo. Nesse contexto, a prospecção futura da matriz energética passa a ser uma ferramenta poderosíssima para o planejamento e o estabelecimento de políticas energéticas.

No caso das matrizes de grande alcance (mundial, nacional e regional), o planejamento energético e as políticas associadas têm grandes impactos e envolvem a necessidade de uma série de decisões e acordos em ambientes sujeitos a fortes pressões nacionais, estaduais e municipais.

No caso das matrizes para contextos delimitados, aqui genericamente denominadas matrizes locais, a influência maior será em planos estratégicos (ou planos diretores) empresariais (ou pessoais, se é que se pode chamar assim, no caso de residências) e sistemas de gestão energética, sendo o contexto decisório bem mais simples.

Por causa dessas diferenças existentes, mais de aplicação do que de conceitos, este capítulo se dedica às matrizes de grande porte, enquanto as denominadas matrizes locais são enfocadas no Capítulo 4.

Nesse contexto, para cumprir os objetivos de enfocar o planejamento e as políticas energéticas, e de apresentar as características básicas da matriz energética refletora do passado (que, no Brasil se concretiza no balanço energético) e da prospecção futura da matriz energética, enfatizando as principais relações entre estes diversos componentes, com uma visão integrada e abrangente da energia, decidiu-se organizar o capítulo como se segue.

Primeiro, são enfocados o planejamento e as políticas energéticas, apresentando uma visão macro do planejamento do setor energético, focalizando metodologias de planejamento com ênfase na técnica de cenários, e uma visão crítica das políticas energéticas que podem ser reconhecidas no Brasil.

Em seguida, são enfocados o balanço energético desenvolvido anualmente no Brasil e a prospecção da matriz energética, enfatizando que os conceitos são idênticos e que o grande diferencial, no caso do Brasil, é a prospecção futura da matriz, só recentemente desenvolvida. São abordados assuntos de grande importância para a prospecção da matriz, tais como modelos existentes para sua elaboração, índices e indicadores da evolução energética, e a base de dados necessária. Finalizando, são apresentadas importantes considerações acerca da construção da prospecção da matriz energética e seu aperfeiçoamento ao longo do tempo

Na continuação, apresenta-se o BEN, a matriz energética brasileira, com ênfase nos principais conceitos e conteúdos, assim como um resumo de resultados importantes do Balanço Nacional de 2008, o mais recente, incluindo dados relativos a 2007.

Aborda-se, então, a prospecção da matriz energética do Brasil, o PNE, destacando as suas principais características e resultados.

Finalmente, são apresentados exercícios que orientam o leitor na busca de novas informações e na solidificação do espírito crítico.

PLANEJAMENTO E POLÍTICAS ENERGÉTICAS

Visão macro do planejamento do setor energético

De forma simples, pode-se entender planejamento (sempre desenvolvido para um certo período) como o processo de estabelecer estratégias adequadas para atingir determinados objetivos, levando em consideração as diversas alternativas possíveis para as variáveis que possam afetar as condições nas quais as decisões são baseadas.

No caso da energia, as estratégias devem ser estabelecidas para um programa ou plano de oferta dos diversos tipos de energia, obtidos por meio da utilização de diferentes recursos naturais e tecnologias, capazes de suprir as necessidades de consumo (demanda) energético dos vários setores, considerando as características específicas e de eficiência das respectivas cadeias energéticas. Deve-se lembrar que os projetos energéticos demandam um tempo significativo para a construção e operação (comissionamento), além do período relacionado ao desenvolvimento dos diversos tipos de estudos e projetos, assim como da tramitação legal (incluindo principalmente os requisitos ambientais e sociais). Este período é considerado no planejamento de forma não explícita, uma vez que, em geral, costuma-se assumir, como ano de início do projeto, a data em que começa a operar. Mas, embora implícito, o tempo citado também deve ser planejado e gerenciado corretamente para que a energia esteja disponível no momento necessário.

No cenário energético como um todo, por causa das características técnicas específicas, a energia elétrica apresenta um maior grau de complexidade em seu tratamento, uma vez que o atendimento à demanda envolve duas necessidades: a demanda de ponta (ou de pico) e a demanda média associada à de energia. Por esse motivo, o setor elétrico foi escolhido para ser tratado a seguir como um exemplo do processo de planejamento no setor energético. Nota-se que os conceitos e procedimentos aplicáveis aos demais setores energéticos, serão similares, mas mais simples, pois a demanda está associada apenas a uma variável.

No setor elétrico, as estratégias de planejamento se referem ao estabelecimento de planos de implantação de projetos de geração, à transmissão e à distribuição de energia elétrica para atender às necessidades previstas nos diversos pontos de consumo desse tipo de energia. Muitas são as variáveis que afetam as condições influentes nas decisões: a própria evolução do consumo ao longo do tempo; as variações dos custos das tecnologias disponíveis; as novas tecnologias que possam ser utilizadas; as tendências e as políticas internacionais e locais; a disponibilidade dos recursos naturais básicos para geração de eletricidade, entre outras.

Nesse contexto, a análise de viabilidade econômica de um projeto alternativo do planejamento compreende, em geral, os seguintes passos:

- Identificar os custos do projeto, que incluem todas as despesas de investimento ocorridas durante a construção (investimentos diretos e indiretos, administrativos, estudos e projetos, obtenção de licenças e outros) e os custos operacionais que afetarão o projeto durante sua vida útil (custos de operação, manutenção e combustíveis, que muitas vezes são embutidos como custos de operação, e outros).
- Identificar os benefícios do projeto, que incluem o suprimento ou a venda de energia durante o período de operação e outros tipos de benefícios que possam ser associados ao projeto.

A viabilidade econômica do projeto resulta do balanço entre os custos e os benefícios, tendo em conta aspectos econômicos e financeiros, incluindo entre os benefícios o que seria o lucro, associado às tarifas de venda da energia, que são estabelecidas com os objetivos básicos de garantir a saúde financeira da empresa e a continuidade do fornecimento, assim como manter atratividade aos investimentos no setor elétrico. As agências reguladoras – que no caso da energia elétrica, no Brasil, é a Agência Nacional de Energia Elétrica (Aneel) – sendo responsáveis pela definição das tarifas, devem levar em conta os aspectos citados, arcando, consequentemente, com grande responsabilidade no que diz respeito à evolução adequada do sistema elétrico.

Para facilitar o entendimento de como se dá a avaliação da viabilidade, pode-se considerar uma hidrelétrica de porte médio, que levará cerca de oito anos para ser construída e terá uma vida útil, para fins de avaliação econômica, de trinta anos. De maneira simplificada, a análise de viabilidade econômica pode ser vista como no exemplo apresentado adiante.

No ano previsto para o início de sua operação, esta usina apresentará certo custo de investimento, que agrega todas as despesas incorridas durante a construção, inclusive juros e taxas, relacionados ao seu valor presente (valor corrigido pela taxa de atualização de capital) no instante inicial de operação do projeto (em geral, considerado como o ano zero do projeto). Esse custo de investimento, a ser recuperado durante os trinta anos de operação da usina, corresponde (para certa taxa de atualização de capital) a um dado valor anual de custos de investimento. O custo total anual será a soma do custo anual de investimento com os de operação e manutenção.

Por outro lado, a previsão de operação da usina permite que se determine a energia que será vendida a cada ano. O produto da energia vendida pela tarifa anual (benefícios) menos os custos anuais será o lucro da empresa (anual). Já a divisão do custo anual pela energia produzida, dará o custo unitário da energia – em geral quantificado em U$ (ou R$)/ MWh – que corresponde a um índice de mérito para classificar potenciais projetos. Considerando-se que as tarifas de venda serão as mesmas, os projetos com menores custos unitários deverão ter prioridade no planejamento do sistema elétrico.

Nesse contexto, para o cálculo de valores presentes e valores anuais, costuma-se considerar a taxa de atualização média internacional de 12% ao ano. Embora variações internas de inflação ou outros impactos econômicos e financeiros também sejam levados em conta na determinação mais detalhada dos diversos componentes dos custos e benefícios do projeto, isto não será aprofundado aqui, pois o objetivo é apenas apresentar os aspectos básicos necessários para um bom entendimento das questões fundamentais do planejamento.

Tendo como base o que foi apresentado, fica fácil concluir que, se um projeto tem duas alternativas, a melhor é a que apresenta menor relação custo/benefício ou menor custo unitário de energia.

O mesmo tipo de raciocínio pode ser utilizado se forem incluídos custos e benefícios sociais e ambientais, desde que estes possam ser "medidos" em grandezas monetárias (os denominados custos tangíveis). Só que, neste ponto, a análise sofre algumas modificações, uma vez que nem sempre há condições (no cenário atual do país, por exemplo, em razão do desequilíbrio das contas e da má distribuição da renda, entre outros motivos) de repassar esses custos para as tarifas. Assim, as questões ambientais deveriam ser tratadas à parte, refletindo-se em ações de prevenção, mitigação ou compensação.

Mas quando aparecem custos e benefícios não passíveis de serem representados por grandezas monetárias, entra o aspecto subjetivo e a solução já não é mais tão linear ou simples como apresentada até o momento. A tomada de decisão, então, apresenta forte dependência de políticas, daí a importância de se encaminhar para uma decisão participativa.

Não se pretende alongar a análise econômica, mas é importante lembrar que tanto o período de análise de um projeto (vida útil) quanto a taxa de retorno do capital variam largamente em função do tipo de projeto e dos interesses de quem efetua a análise. Os valores de trinta anos para hidrelétricas e de 12% para a taxa média de retorno, apresentados no exemplo, são bastante específicos, sendo clássicos do planejamento anterior do setor elétrico, eminentemente hidrelétrico e de característica estatal (planejamento centralizado). Em um mercado aberto e competitivo, a tendência das empresas é buscar a recuperação do capital em um período bem menor que trinta anos e com uma taxa de retorno maior que 12%, uma vez que há um leque maior de oportunidades para os investidores.

Quando se considera o sistema elétrico como um todo, no cenário mais amplo do planejamento, a questão se torna mais complexa, tendo em vista o grande número de projetos a serem avaliados e cotejados entre si, cada qual com características específicas e, entre outros motivos, as incertezas relacionadas com o consumo e o comportamento das outras variáveis importantes, muitas delas citadas nesta seção. Desse modo, diversas técnicas de planejamento são necessárias, pois permitem uma abordagem mais adequada das incertezas. Essas técnicas serão enfocadas logo adiante.

Antes disso, é importante citar que o planejamento é "dividido" em diversos tipos, estabelecidos em função do período da análise, o que tem grande influência no grau de incerteza dos dados. Assim, podem ser citados como de grande importância no cenário atual do setor elétrico brasileiro:

- Planejamento de longo prazo (para 25-30 anos).
- Planejamento decenal (de médio prazo, para 10 anos).
- Planejamento de curto prazo (para 5 anos).
- Planejamento da operação (chegando a planejamento semanal e diário).

Cada um desses estudos de planejamento apresenta características bastante específicas que não serão tratadas aqui, mas que podem ser encontradas na vasta bibliografia disponível sobre o assunto, da qual parte é referenciada neste livro. Mais especificamente pode-se citar o site da EPE www.epe.gov.br) para informações relativas ao planejamento de longo prazo e ao planejamento decenal, e o do Operador Nacional do Sistema Elétrico (ONS) (www.ons.org.br) para informações relativas ao planejamento de curto prazo e do planejamento operacional. De qualquer forma, o processo geral do planejamento, como um todo, apresenta sempre o mesmo tipo de estrutura.

É importante salientar que há um aumento das incertezas quanto mais longo o período enfocado pelo planejamento. Assim, busca-se, no planejamento de longo prazo, considerar principalmente as variáveis que podem influenciar estratégias de longo prazo e, como logo será visto, orientar políticas. Daí resultará um conjunto ordenado de projetos que formará uma espécie de rota orientadora, mas não definitiva, que poderá ser ajustada à medida que o passar do tempo confirmar ou não as previsões de longo prazo.

No planejamento de curto prazo, no qual as incertezas são bem menores, a análise necessita ser mais detalhada, pois as decisões de se construir ou não as obras associadas a um projeto, deverão ser agilmente tomadas com base nos estudos efetuados, uma vez que qualquer projeto de porte significativo para o sistema elétrico leva, no mínimo, cerca de três anos para ser colocado em operação.

Por outro lado, quando se enfoca o planejamento da operação, vai-se a um extremo praticamente oposto ao do longo prazo: não se analisam projetos e obras, mas tão somente como deverá operar o conjunto de instalações existente.

Esse cenário temporal ressalta a importância de se considerar o planejamento como um processo, no qual, para garantir a evolução harmoniosa do sistema ao longo do tempo, o curto prazo realimenta e interage com o longo prazo: estratégias (planejamento) de longo prazo orientam táticas (gestão) de curto prazo, estas, por sua vez, reforçam ou alertam para modificações nas estratégias iniciais. Por exemplo, no setor elétrico brasileiro, o planejamento de longo prazo é revisto periodicamente e o plano decenal sofre revisão anual.

Aspectos básicos de confiabilidade: risco energético e confiabilidade do suprimento

Conforme apresentado, a visão macro do planejamento de sistemas de potência teve como principal objetivo introduzir aspectos conceituais básicos de planejamento que podem, com os devidos ajustamentos, ser aplicados aos demais setores energéticos. Para completar o cenário, resta comentar os principais riscos e incertezas envolvidos na análise.

Nesse contexto, além das incertezas, ainda há um aspecto importante para ser entendido: como se garante que a oferta de energia atenda a um determinado consumo (estimado para certo ano, por exemplo)?

É uma questão importante, pois permite o entendimento dos processos e limites associados à garantia do suprimento de energia (que envolve não só a oferta de energia em si, mas toda a cadeia energética até o consumo), assim como o esclarecimento necessário (tudo pela transparência) das diferenças conceituais entre o que é racionamento e o que é apagão (*blackout*).

Racionamento diz respeito ao risco energético, enquanto apagão se relaciona com a confiabilidade (risco de não atendimento) do sistema de suprimento. Para melhor explicação desses conceitos utiliza-se, como exemplo, o setor elétrico, no qual recentemente ocorreu um racionamento (em 2001), popularmente confundido com apagão.

Como dito anteriormente, o sistema elétrico é formado pelos sistemas de geração, transmissão e distribuição. De maneira geral, a geração é constituída pelas usinas elétricas, que podem ser dos mais diversos tipos e apresentam diferenças significativas em relação às cargas (consumidores), de acordo com sua localização; a transmissão é encarregada de transportar a energia em grandes blocos, na maioria das vezes a grande distância; e a distribuição faz o papel de direcionar a energia elétrica para os vários tipos de consumidores, de grande ou pequeno porte.

Nesse cenário, o consumo, em sua evolução no tempo, é determinado de diversas maneiras, a partir de levantamentos locais efetuados pelas empresas de distribuição e pela utilização de técnicas de econometria de prospecção, que permitem a aferição dos valores levantados e a determinação do consumo agregado nos pontos em que a transmissão entrega energia para distribuição. Entre as variáveis mais importantes consideradas nas modelagens para prospecção futura das cargas (consumo) em nível macro, salientam-se o PIB *per capita* e o crescimento populacional.

A determinação do consumo agregado nos pontos de interconexão entre a transmissão e a distribuição é fundamental para a análise da adequação dos sistemas elétricos ao atendimento da carga em um determinado momento. Isso porque, para viabilizar a análise, em termos de técnicas e números de variáveis, é efetuada uma separação entre a distribuição e a geração/transmissão. Ao se trabalhar com o consumo agregado no planejamento da geração e da transmissão, pressupõe-se que a distribuição garanta o atendimento individual das cargas, dentro de critérios aceitos de desempenho. Tal garantia, obviamente, estará atrelada aos processos de planejamento das empresas de distribuição. Deve-se, então, verificar se a geração, no momento analisado, supre as cargas e perdas do sistema como um todo, e se a transmissão apresenta capacidade suficiente para direcionar a energia gerada de uma forma adequada aos diversos pontos de entrega para o sistema de distribuição.

A Figura 2.1 apresenta um esquema simplificado do problema, salientando a geração, a transmissão e a carga.

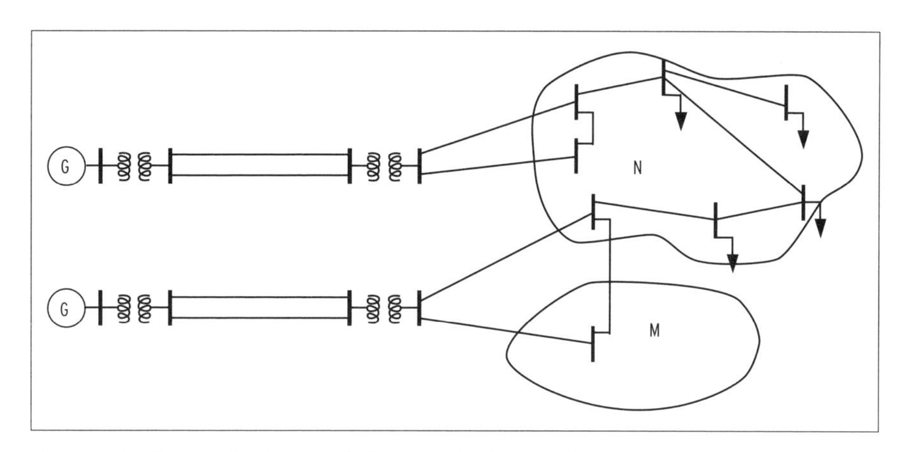

Figura 2.1: Sistema ilustrativo do transporte de energia.

G: geração; M e N: áreas consumidoras.
Fonte: Helio International (2000).

Nesse contexto, a geração representa usinas já existentes e usinas (ou unidades geradoras de usinas) que estão entrando em operação no momento da análise (em geral, um determinado ano, no planejamento de longo prazo).

A determinação dessas novas usinas ou unidades foi efetuada por análises anteriores que consideraram principalmente o balanço entre geração e carga, a lista de usinas (ou suas unidades) disponíveis no momento e uma ordenação de seus custos unitários. Essa ordenação de custos unitários permite que sejam escolhidas, para instalação no referido ano, as unidades de geração mais baratas, garantindo, assim, a evolução mais econômica do sistema.

Uma vez determinada a configuração da geração, o próximo passo é verificar se a transmissão existente é suficiente para garantir o trânsito da energia e a potência de pico necessária, ou se deverão ser instaladas novas linhas. Isso é feito por meio de estudos de sistemas de potência, que não serão detalhados aqui, por fugir ao escopo do livro.

Ao término desse processo, tem-se a nova geração a ser colocada no sistema e as obras de transmissão necessárias no ano em análise.

Por meio desse processo, assumindo-se que as usinas estejam sempre em situação de produzir sua potência nominal, garante-se que a carga seja atendida na maior parte do tempo. Só não o é integralmente por causa de riscos associados às emergências em unidades geradoras e em equipamentos do sistema, e à operação das linhas, que podem causar algumas perdas de capacidade de atendimento à carga, em geral transitórias, conduzindo ao que pode ser corretamente denominado "apagão" (tradução adequada de *blackout*).

O apagão, então, é um resultado transitório de fenômenos que estão associados à confiabilidade de componentes do sistema e que podem ser superados por meio de ações de proteção para isolar o problema e restaurar o equilíbrio do sistema. Existem diversas causas desse fenômeno, sendo uma das mais comuns os surtos atmosféricos (raios) que, muitas vezes, causam um curto-circuito nas linhas, estas são então abertas (desconectadas do sistema) por disjuntores comandados por proteção adequada. O projeto do sistema elétrico considera uma série de critérios utilizados para reduzir os riscos de apagões, devendo-se notar que, a partir de certo nível de risco, sua redução torna-se fortemente não econômica e sua eliminação total é quase impossível. Do exposto fica claro que o apagão é uma questão conjuntural.

O racionamento, por outro lado, é uma questão estrutural; acontece quando, por algum motivo, não se dispõe ou não se disporá de energia e potência suficientes para atender às cargas: por falta de geração ou por insuficiência (gargalo) de transmissão. Isso pode ocorrer, por exemplo, em razão da falta de investimentos no setor elétrico e da ocorrência de situações que resultem em menor disponibilidade da geração existente; por exemplo, uma ocorrência de embargo de petróleo em um sistema elétrico fortemente dependente de termelétricas a óleo pode levar a um racionamento. Também a ocorrência de efeitos sazonais podem diminuir a disponibilidade de energia de usinas baseadas na utilização de fontes renováveis, como no caso da seca que afeta a capacidade de usinas hidrelétricas. Neste último caso, a hipótese das usinas estarem sempre em situação de prover sua potência nominal não é real, o que pode levar ao não atendimento continuado de parte da carga e, portanto, ao racionamento.

Para minimizar o risco de racionamento, busca-se criar condições para sempre viabilizar os investimentos necessários e utilizar critérios de projeto adequados e consistentes com a evolução econômica do sistema. No caso do sistema elétrico brasileiro, com predominância de geração hidrelétrica, utilizam-se processos e ferramentas de análise estocásticas (com base em séries históricas de vazões) e busca-se garantir um valor máximo de risco energético de não atendimento à carga, atual e historicamente fixado em 5%. Assim como para o caso do apagão, a diminuição de risco de racionamento significa maior custo do sistema, e a sua eliminação total é impossível.

Resumindo, o racionamento permite a adoção de medidas prévias para o seu gerenciamento. O apagão é resultado de uma questão conjuntural, inerente à operação do sistema e pode ocorrer a qualquer momento, sendo possível atuar rapidamente para eliminação de sua causa e reestruturação do sistema elétrico. Os riscos de ocorrência desses fenômenos fazem parte das incertezas inerentes à própria dinâmica da vida e podem ser controlados em níveis consistentes com a evolução mais econômica de um sistema de energia elétrica, mas nunca eliminados totalmente.

Considerações sobre outras incertezas e a técnica de cenários

Na prática, o planejamento dos sistemas energéticos apresenta vários outros níveis de complexidade, associados não só à incertezas, mas também aos aspectos técnicos da energia enfocada, que também são tratados por meio de diversas técnicas e metodologias hoje disponíveis para o planejamento, tais como: técnica de cenários, planejamento sob incertezas, planejamento sob restrições financeiras, planejamento com variáveis quantitativas e qualitativas, entre outros. Essas técnicas utilizam ferramentas de análise de ponta, como métodos de otimização multicriterial, simulações estatísticas e estocásticas, e técnicas de inteligência artificial.

Esse cenário se encontra hoje plenamente desenvolvido e preparado para introdução de um planejamento que considere, de forma integrada, as questões socioambientais e políticas, e seja propício a um processo participativo de decisão, o que permitirá a orientação mais adequada e segura da evolução e também a gestão dos sistemas de energia para um modelo sustentável de desenvolvimento.

Considera-se importante, no entanto, para melhor entendimento de assuntos aventados mais adiante neste livro, tratar mais detalhadamente da técnica de cenários.

Conforme comentado, o planejamento de longo prazo permite o estabelecimento de estratégias que orientarão as ações de curto prazo (táticas), em um processo continuado e renovado de reavaliação e ajuste para confirmação de modificação de rumos. Mas, também já foi apresentado que incertezas crescem com o aumento do período do planejamento. O pequeno risco de erro no caso de previsões para cinco anos cresce consideravelmente para previsões cobrindo períodos bem maiores, como trinta anos ou até mais.

Como salientado, o planejamento de longo prazo no setor elétrico brasileiro é efetuado para trinta anos, período também considerado atualmente para a prospecção da matriz energética, como será visto mais adiante. Mas há estudos energéticos realizados para períodos de cinquenta e até cem anos, como os associados ao aquecimento global, desenvolvidos no âmbito do Intergovernamental Panel on Climate Change (IPCC). Estes enfocam um período extremamente longo, com o intuito de avaliar o efeito de diferentes políticas energéticas no controle dos gases estufa e no aumento de temperatura da terra. É obvio que essas análises requerem fortes hipóteses simplificadoras e incluem até mesmo a possibilidade de aplicação comercial de alternativas energéticas hoje em fase de pesquisa e desenvolvimento (como a fusão nuclear, os sistemas de armazenamento de energia baseados nos materiais supercondutores e a expansão mercadológica quase ilimitada dos sistemas solares).

Mas, voltando ao tema aqui tratado, mesmo o planejamento com período de trinta anos apresenta dificuldades similares, mas em grau menor. Uma questão importante, por exemplo, é: como a estratégia se modificaria se fossem adotadas certas políticas de incentivo ou desincentivo a uma determinada fonte de energia? Ou se ocorresse um fato inesperado, como os choques do petróleo e a recente crise econômica? Ou se a economia crescesse muito mais ou muito menos do que esperado?

A metodologia mais utilizada para tentar prever tais ocorrências é a técnica de cenários. Embora essa técnica também não seja imune a fatos inesperados, ela abre um leque maior de possibilidades estratégicas que será ajustado à medida que o tempo avança e as ações de curto prazo (táticas) são adequadas às situações que ocorrerão de fato.

A forma mais simples de explicar a técnica de cenários é se basear em três posturas alternativas: a de considerar que tudo continuará como já vem sendo (este cenário é, muitas vezes, referido pelo seu nome em inglês: *business as usual*); a de raciocinar de forma pessimista e considerar que a situação irá piorar; e a de raciocinar com otimismo e acreditar que a situação irá melhorar. É obvio que a definição do que é postura pessimista ou otimista dependerá do objetivo de análise; se o objetivo é alcançar uma matriz energética mais de acordo com a sustentabilidade, a postura otimista estará associada ao menor crescimento do consumo (inclusive por causa do crescimento da eficiência energética) e ao aumento da utilização de fontes renováveis de energia. Agindo assim, são estabelecidos, então, três cenários – dependendo da situação podem ser considerados outros cenários intermediários entre estes três –, mas deve ser ressaltado que, à medida que o número de cenários é aumentado, maior se torna a complexidade da análise, o que pode dificultar o estabelecimento de estratégias alternativas e políticas associadas a elas.

Um exemplo simples e elucidativo da aplicação de técnica de cenários está apresentado a seguir, considerando estudos energéticos de longo prazo (período de 2000, com partida em 1990, a 2100), efetuados pelo World Energy Council (WEC), em 1993; as suas principais variáveis estão resumidas na Tabela 2.1, no qual se ressaltam quatro cenários.

Esses cenários consideram o crescimento populacional e as fontes energéticas mais plausíveis de ocorrência, bem como uma visão realista dos avanços tecnológicos. A Tabela 2.1 apresenta as principais hipóteses delineadoras desses cenários e a demanda total resultante para o ano de 2020, aqui escolhido como referência para exemplificar a técnica (o estudo foi de 1990 a 2100).

Tabela 2.1: Hipóteses dos cenários apontados pela WEC

CENÁRIO	A	B1	B	C
	ALTO CRESCIMENTO	REFERÊNCIA MODIFICADA	REFERÊNCIA	ORIENTAÇÃO ECOLÓGICA
Crescimento				
Econômico (% a.a.)	Alto	Moderado	Moderado	Moderado
OECD	2,4	2,4	2,4	2,4
CEE/CIS	2,4	2,4	2,4	2,4
DCs	5,6	4,6	4,6	4,6
Mundo	3,8	3,3	3,3	3,3
Redução da intensidade	Alto	Moderado	Alto	Muito alto
Energética (% a.a.)	-1,8	-1,9	-1,9	-2,8
OECD	-1,7	-1,2	-2,1	-2,1
CEE/CIS	-1,3	-0,8	-1,7	-2,4
DCs	-1,6	-1,3	-1,9	-2,4
Mundo	-1,8	-1,9	-1,9	-2,8
Transferência de tecnologia	Alto	Moderado	Alto	Muito alto
Aperfeiçoamento institucional (mundo)	Alto	Moderado	Alto	Muito alto
Demanda total	Muito alto	Alto	Moderado	Baixo
Possível (GTOE)	17,2	16,0	13,4	11,3

OECD: Organisation for Economic Co-operation and Development; CEE: Comunidade Econômica Europeia; CIS: Commonwealth of Independent States – ex-União Soviética; DCs (Países em desenvolvimento); GTOE: Grupo de Trabalho Ordem Econômica.

Fonte: Houghton (1997).

O cenário de alto crescimento (cenário A) supõe uma alta taxa de crescimento dos países em desenvolvimento. No cenário com orientação ecológica (cenário C), admite-se que as pressões ambientais terão forte influência no crescimento e na demanda de energia. Neste, bastante otimista, supõe-se que a ocorrência de grandes aumentos de eficiência reduzirão o consumo e que haverá um aumento substancial da participação de energias renováveis, tais como biomassa moderna, energia solar e eólica nas fontes primárias de energia utilizadas. Os demais cenários (B e B1), denominados casos de referência, baseiam-se em hipóteses moderadas com relação ao crescimento da eficiência energética.

Comparando o resultado dos cenários mostrados no Quadro 2.1, nota-se que a demanda total de energia varia entre 17,2 Gtep (gigatonelada equivalente de petróleo) no cenário de alto crescimento e 11,3 Gtep no ecológico, ou seja, uma diferença de mais de 50% na demanda total. Essa diferença se deve a um maior crescimento previsto para a economia dos países em desenvolvimento e uma redução mais significativa na intensidade energética em todo o mundo dentro do cenário ecológico C. Mesmo no cenário B, moderado, no qual o crescimento é o mesmo previsto em B1 e C, e a redução da intensidade energética não é tão acentuada como no cenário ecológico, o crescimento da demanda é bem mais moderado do que em A. Uma das mensagens que podemos tirar dessa análise é que, com comprometimento e políticas adequadas, é possível trabalhar em função do desenvolvimento sustentável e obter resultados significativos em médio prazo.

A Figura 2.2 permite a leitura da demanda prevista para 2020 nos quatro cenários por região, comparada com a demanda observada em 1990. Nota-se que o consumo no cenário C, de orientação ecológica, é apenas 30% maior em 2020 do que em 1990, o que exigirá medidas significativas para melhorar a eficiência do setor. Verifica-se ainda uma expectativa de crescimento moderado da demanda total de energia nos países industrializados durante as próximas duas décadas. O cenário C prevê até mesmo uma redução da demanda nesses países, principalmente por causa do aumento de eficiência no setor.

O maior aumento de demanda é esperado nos países em desenvolvimento, onde grandes populações ainda não têm acesso adequado a energia e a outros serviços. O processo de desenvolvimento econômico e o suprimento desses serviços implicarão um aumento significativo da demanda. Um gerenciamento adequado do suprimento e da demanda permitirá uma melhoria tanto quantitativa quanto qualitativa no setor energético desses países.

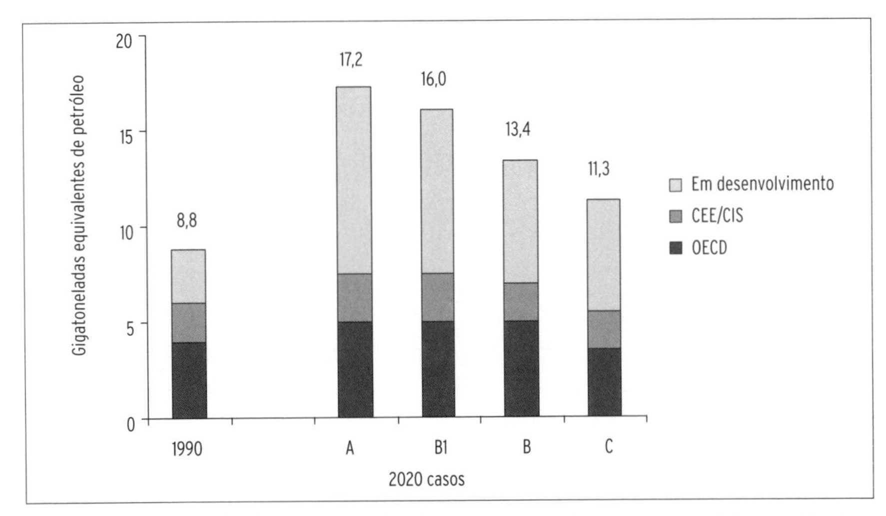

Figura 2.2: Demanda de energia primária por grupo de países. Cenários da WEC para 2020.

Fonte: Houghton (1997).

A Figura 2.3 apresenta a matriz energética mundial de acordo com as fontes primárias para os quatro cenários em 2020. Nota-se que o uso de combustíveis fósseis continua significativo nos quatro. A contribuição da energia nuclear tende a aumentar, assim como a das fontes renováveis como um todo.

É importante ressaltar que, embora a energia nuclear não seja renovável, ela não gera emissões diretas. Seus principais problemas são relacionados com a segurança (lembre-se dos desastres de Chernobil e Three Miles Island) e com a destinação de seus resíduos radioativos, o chamado lixo atômico. Alguns especialistas acreditam que a indústria nuclear deverá encontrar uma solução aceitável para esses problemas e que a energia nuclear terá papel importante no futuro da humanidade.

Ironicamente, espera-se um maior uso de carvão mineral e um menor uso de novas tecnologias renováveis no cenário ecológico para o ano 2020. Entretanto, isso é um processo transitório e deve-se ao curto prazo de observação do cenário quando 2020 foi escolhido como exemplo. Ao enfocar os estudos completos e considerar os cenários A, B e C até o ano 2100 – incluindo suas características no que diz respeito à importância relativa dos combustíveis fósseis, da energia nuclear e renovável, bem como das emissões de

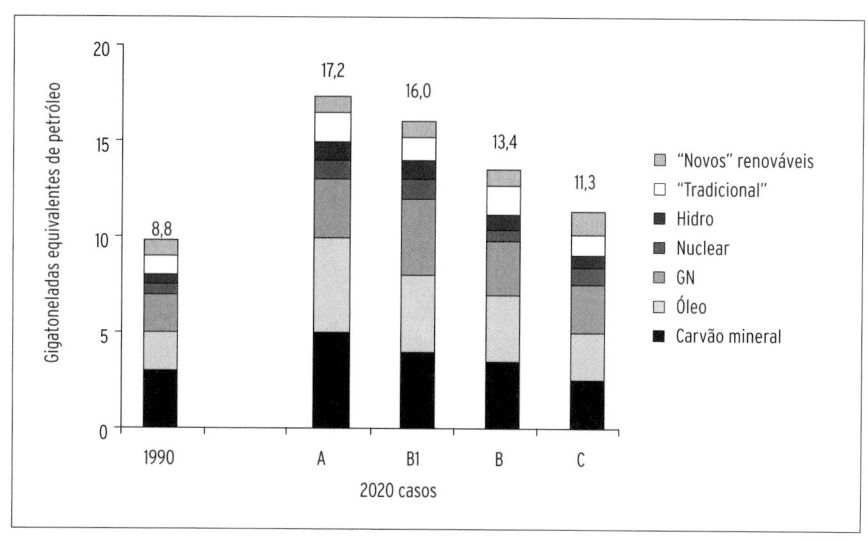

Figura 2.3: Matriz de suprimento de energia primária. Cenários da WEC para 2020.

Fonte: Houghton (1997).

CO_2, – nota-se que, no prazo de cem anos, as fontes renováveis passarão a ser responsáveis por metade da demanda, contrastando com apenas 2% em 1990. Somente no cenário C há redução nas emissões de CO_2 em relação ao ano de 1990.

Políticas energéticas

O planejamento energético de longo prazo, ao estabelecer estratégias para o futuro, já traz, inerentemente, uma forte ligação com as políticas energéticas.

De um lado, as estratégias do planejamento podem ser utilizadas para estabelecer as políticas energéticas e, por outro, as políticas energéticas em andamento devem ser adequadamente consideradas nos estudos de planejamento.

O ideal é que tudo isso se dê de forma integrada e organizada, segundo a qual o planejamento e as políticas se relacionem harmonicamente, formando um todo coeso e administrado que poderá, facilmente, ser orientado para o desenvolvimento sustentável, utilizando indicadores de sustentabilidade adequados.

Nesse contexto, com relação ao planejamento energético, há ainda desafios importantes a serem vencidos no Brasil. O planejamento do setor elétrico é um dos mais avançados, se não o mais avançado do Brasil em termos de setor, o que já acontece há algum tempo. Com relação ao petróleo e ao gás (e mais recentemente a outros energéticos), a Petrobras desenvolve seu planejamento estratégico e suas atividades com grande competência, até porque esta é uma necessidade para sobrevivência no mercado fortemente competitivo em que atua. Mas a integração desses dois planejamentos ainda se encontra em fase incipiente.

De qualquer forma, nos últimos anos, verificou-se uma preocupação cada vez maior com o tema e, desde o final da década de 1990, diversas tentativas, análises e discussões, associadas principalmente à prospecção futura da matriz energética, vieram à tona, no âmbito do MME e demais instituições envolvidas no assunto. Essa preocupação e os trabalhos consequentes por fim resultaram no PNE 2030, elaborado pela EPE e recentemente publicado, que representa um marco muito importante no setor energético brasileiro e, apesar de ainda apresentar algumas lacunas e questionamentos, é uma base importante para que aperfeiçoamentos possam ser incorporados ao longo do tempo. Para isso, é necessário manter e aprimorar a estrutura montada e impedir que o conjunto de interesses políticos, econômicos e corporativos, principalmente, leve ao retrocesso neste assunto, algo muito comum no que se refere à forma de conviver com o planejamento no país.

De qualquer modo, muitas vezes com decisões tomadas até mesmo à parte dessas duas "fontes" de estratégias e do recente plano, no cenário energético do país podem ser distinguidas diversas políticas energéticas, que têm sido consideradas no planejamento do setor, mas de uma forma esparsa e desorganizada, uma vez que tais políticas têm-se voltado muito mais para atender necessidades locais ou momentâneas dos mais variados tipos. Muitas dessas políticas apresentam alto grau de descontinuidade, enquanto outras ficam muito mais no campo das ideias do que resultam em ações de ordem prática. Entre elas, ressaltam-se:

- Políticas voltadas para uma melhor integração entre os órgãos e as instituições do setor energético como as do setor ambiental.

- Políticas voltadas para a busca da autossuficiência na produção de petróleo.
- Políticas voltadas para o aumento da utilização do GN, tanto na produção de energia elétrica e térmica quanto no transporte veicular.
- Políticas voltadas para uma maior utilização de fontes renováveis no setor de transportes, para redução de poluição atmosférica.
- Políticas associadas ao Protocolo de Quioto: créditos de carbono e Mecanismos de Desenvolvimento Limpo (MDL).
- Políticas voltadas para o aperfeiçoamento da regulação e da governança.
- Políticas de Pesquisa e Desenvolvimento (P&D), com ênfase nas coordenadas pela ANEEL e Agência Nacional do Petróleo (ANP).
- Políticas de universalização do atendimento, de incentivo a fontes alternativas de energia e de combate ao desperdício e conservação de energia.
- O setor energético desenvolve diversos programas voltados para resolver esses problemas do setor. Os mais importantes são: LUZ PARA TODOS, voltado à universalização do atendimento no Brasil como um todo, incluindo sistemas solares fotovoltaicos e eletrificação rural; Programa de Incentivo às Fontes Alternativas (Proinfa), voltado ao aumento da geração por meio de fontes renováveis, especificamente Pequenas Centrais Hidrelétricas (PCHs), usinas eólicas e usinas de biomassa; Programa Nacional do Uso dos Derivados do Petróleo e do Gás Natural (Conpet); e Programa Nacional de Conservação de Energia Elétrica (Procel). Além disso, há ações voltadas ao atendimento energético no âmbito do Programa de Desenvolvimento Energético dos Municípios (Prodeem). Importantes também são os projetos de P&D, gerenciados pela ANEEL, nos quais as empresas do setor elétrico são obrigadas a investir, e uma parcela deles é de projetos de conservação de energia.
- Políticas de formação e capacitação de pessoal.

No contexto da eficiência energética, portanto, nos rumos do desenvolvimento sustentável no âmbito do setor elétrico, é importante salientar o papel do Procel, que também desenvolve trabalhos de educação e divulgação.

Desde sua criação, em 1985, o Procel vem desenvolvendo a conservação e o uso racional da eletricidade, assentado no combate ao desperdício de energia, considerando duas linhas básicas: uma associada à mudança de hábitos e outra ao aumento de eficiência na cadeia da eletricidade em geral. O Procel realiza trabalhos educativos, promove o desenvolvimento de tecnologia, participa na elaboração de leis e financia outros projetos de combate ao desperdício. Além disso, fornece informação, promove seminários, repassa dados às escolas, cria *softwares*, incentiva pesquisas, bem como estimula a montagem de laboratórios e define padrões de eficiência para equipamentos.

As principais áreas de atuação e ações do Procel são:

- Área educacional, por meio de capacitação de educadores e do Procel nas escolas. Atua-se no Ensino Básico (educação infantil, ensino fundamental e médio), com foco nas mudanças de hábitos, e nas Escolas Técnicas e Universidades, com foco na eficiência energética.
- Serviços públicos, na iluminação pública, em prédios públicos, no saneamento e em gestão energética municipal.
- Etiquetagem de equipamento eficientes, por meio do Selo Procel.
- Prêmio Procel para projetos e ações de combate ao desperdício e uso racional da eletricidade.
- Setor residencial.
- Setor comercial e de serviços.
- Setor industrial.

Mas o próprio Procel acaba por ser também um exemplo do imediatismo e da fragmentação que caracterizam as políticas energéticas em nosso país. Sua trajetória é cheia de idas e vindas, ficando fortemente à mercê de interesses momentâneos.

BALANÇO ENERGÉTICO E PROSPECÇÃO DA MATRIZ ENERGÉTICA

Matriz energética e BEN

Conforme visto no capítulo anterior, as fontes de energia são submetidas a transformações para produzir as formas de energia que usamos em nosso dia a dia. Mas a maioria dessas fontes, os recursos naturais, encontra-se longe dos centros consumidores e requer um conjunto de atividades para que a energia possa chegar da forma desejada onde será usada. Esse conjunto de atividades forma a cadeia energética, que engloba a produção, o transporte e a transformação.

Os principais componentes das cadeias energéticas são as diversas fontes primárias, as formas de transporte, os centros de transformação, a energia secundária e o consumo final.

As *fontes primárias*, que são associadas ao que se chama de energia primária, são os recursos naturais utilizados para a produção de energia, como petróleo, GN, carvão mineral, energia hidráulica, energia solar, energia dos ventos (eólica), lenha etc. Essas fontes podem ser não renováveis e renováveis.

Os *centros de transformação* são os locais onde a maior parcela da energia primária é transformada. Como, por exemplo, as refinarias de petróleo, as usinas termelétricas, as usinas hidrelétricas etc.

A *energia secundária* é a energia convertida nos centros de transformação, como gasolina, eletricidade, óleo diesel etc. A eletricidade é uma forma secundária de energia, pois só pode ser obtida após transformação.

O *consumo final* corresponde à outra parcela de energia primária ou à secundária que é consumida diretamente nos diversos setores da economia. Exemplos: consumo de lenha para cocção de alimentos, e de carvão para produção de vapor em fornos e caldeiras na indústria etc. Esse consumo pode ser não energético ou energético. O consumo final energético pode ocorrer em diversos setores da economia, como no próprio setor energético, no residencial, comercial, público, agropecuário, de transporte e industrial. Com base nas cadeias energéticas é construída a matriz energética.

Para uma simples descrição da matriz energética, pode-se recorrer ao conceito matemático de matriz, que, mais simplificadamente, identifica as relações entre elementos de conjuntos (dois, no caso mais simples). Nesse sentido, os elementos da matriz energética quantificam as relações entre o conjunto dos recursos naturais (e as fontes secundárias de energia) e o das diversas formas de consumo. As cadeias energéticas são elementos fundamentais do processo de cálculo (quantificação) utilizado na matriz energética. A introdução de uma terceira dimensão na matriz, o tempo, permite o conhecimento da evolução da matriz ao longo do tempo.

Assim, a visão mais completa do panorama energético é apresentada pela matriz energética, que é uma representação integrada e quantitativa da energia no mundo, em um país ou região. No Brasil, a matriz energética é apresentada na forma do BEN, disponível anualmente no site da EPE (www.epe.gov.br).

Aqui, considera-se importante ressaltar uma questão que às vezes causa confusão: qual é a diferença entre balanço energético e matriz energética? Basicamente é a mesma coisa: a matriz energética do Brasil é o resultado final do BEN. Apenas quando se cita as prospecções futuras da matriz energética (no caso brasileiro, o PNE 2030 aludido anteriormente) para auxiliar no estabelecimento de planejamento e políticas energéticas, surge uma diferença temporal com relação ao BEN. O BEN enfoca o cenário atual e a trajetória do passado até quinze anos, como se apresentará adiante, enquanto as prospecções enfocam alternativas para o futuro. Não há motivos para dúvidas ou confusão, desde que se declare do que se está tratando.

A matriz energética do mundo ou de um país em particular permite o conhecimento das fontes primárias e secundárias de energia utilizadas, dos diversos fluxos energéticos e do consumo final dos produtos resultantes dos centros de transformação dessas fontes nos diferentes setores da economia do mundo ou do país considerado. Um bom conhecimento das tendências futuras da matriz energética permite que sejam extraídas as informações necessárias para se executar melhor o planejamento energético integrado, assim como estabelecer, com maior segurança, os mais diversos tipos de políticas e estratégias para os usos da energia. Políticas e estratégias que, se forem orientadas para a eficiência e a flexibilidade energéticas, a equidade e a universalização do atendimento e o aumento da utilização das fontes renováveis, terão papel fundamental na construção de um modelo sustentável de desenvolvimento.

Uma informação importante, dentre as diversas que podem ser obtidas da matriz energética, é a quantidade de recursos naturais utilizada para a produção de energia. Essa informação permite avaliar como se está tratando a energia com relação à construção do desenvolvimento sustentável, e qual é o impacto do combate ao desperdício e do uso racional da energia na utilização dos recursos naturais. Como ilustração, a Figura 2.4, mostra a informação da participação dos diversos recursos naturais energéticos na oferta mundial de energia em 2007.

Se for feita uma comparação entre a participação dos recursos naturais energéticos da matriz energética brasileira com a matriz mundial, verifica-se uma grande diferença, principalmente no que se refere à energia hidráulica e ao carvão mineral. A matriz energética brasileira tem uma grande participação da energia hidráulica, por causa da geração hidrelétrica, e uma participação reduzida do carvão mineral, como ilustrado na Figura 2.5, que apresenta resultados para o país no ano 2007.

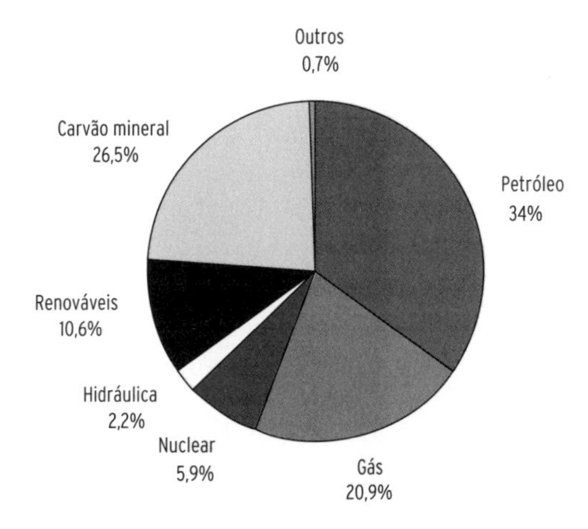

Figura 2.4: Oferta Mundial de Energia em 2007.

Fonte: IEA (2009).

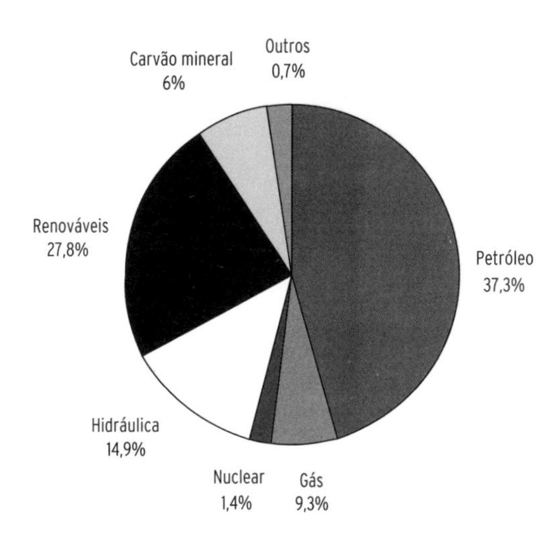

Figura 2.5: Oferta interna de energia no Brasil em 2007.

Fonte: EPE (2008).

Conforme já exposto, ao apresentar, de forma simples e objetiva, todas as relações energéticas de uma nação (ou região), desde a captura dos recursos naturais até as diversas formas de usos finais, a matriz energética contém informações preciosas, tanto para o planejamento energético quanto para o estabelecimento de políticas, dos mais diferentes tipos.

Para dar uma ideia dessa amplidão, apresenta-se a seguir, uma lista dos principais recursos naturais, das formas de energia e dos setores de usos finais do BEN, que, como já informado, configura a própria matriz energética, sendo a principal base a ser considerada para uma prospecção futura da matriz.

Do lado da oferta, tem-se: petróleo, GN, biomassa, carvão mineral, hidráulica, nuclear, eólica e solar.

E como energia secundária, em sua maior parte obtida a partir da energia hídrica, a eletricidade.

Do lado dos usos finais, tem-se:

- Consumo residencial.
- Consumo agropecuário e rural.
- Consumo industrial, dividido em setores: cimento, ferro-gusa e aço, ferroliga, mineração, pelotização, não ferrosos, química, papel e celulose, cimento, alimentos e bebidas, cerâmica.
- Iluminação pública e setor público.

A simples consideração das informações alistadas já permite o reconhecimento dos vários usos da prospecção futura da matriz energética, em suas interações com o planejamento e o estabelecimento de políticas em geral. Planejamento e políticas em geral, porque as informações obtidas na matriz extrapolam o cenário energético e podem ser usadas também para outros fins, como planejamento e políticas industriais.

Ao consolidar informações de interesse em diversos setores industriais, como indicado acima, a matriz permite a monitoração desses setores, assim como a criação de indicadores que poderão servir não somente para "medir" o desempenho energético do setor e a orientação para o desenvolvimento sustentável, mas também para "medir" a capacidade de competição no mercado globalizado, a importância no cenário econômico do país, entre outros aspectos.

Esses indicadores poderão ser utilizados para o estabelecimento de políticas industriais, setoriais etc. Como exemplo, pode-se considerar, genericamente, um setor industrial cuja produção é medida em toneladas. Um indicador a ser obtido refere-se, por exemplo, a eficiência energética desse setor: energia consumida (em todas as formas) por tonelada produzida. Poderia também ser energia elétrica consumida por unidade de tonelada produzida, tonelada de certo recurso natural por tonelada produzida ou, no caso em que seu recurso natural ocupe espaço, a área utilizada pelo recurso natural por tonelada produzida. Tais indicadores poderiam ser comparados com referências (*benchmarking*) internacionais, por exemplo, e dar origem, se necessário, a políticas que visassem tornar o setor mais competitivo; ou, dentro do próprio setor, as empresas mais eficientes poderiam se servir da matriz energética de um determinado país (ou estado, ou região, ou qualquer contexto local), em suas perspectivas de evolução ao longo do tempo, como um instrumento fundamental para a execução de um planejamento energético adequado.

Experiência brasileira com balanço energético e prospecção da matriz energética

Simplificadamente, pode-se dizer que a prospecção futura da matriz energética é um conjunto de balanços energéticos periódicos, construídos para um período futuro, considerando diferentes cenários (por meio da aplicação da técnica de cenários enfocada anteriormente) de evolução dos fatores que podem afetar a matriz. Dessa forma, devidamente construída, a matriz energética é um instrumento poderoso para o estabelecimento de políticas nacionais.

Em consonância com a prática mundial, estudos recentes efetuados no Brasil sobre a prospecção da matriz energética têm considerado um período futuro em torno de trinta anos, evoluindo ano a ano. Conforme apresentado, o Brasil preocupou-se mais fortemente com a elaboração de uma prospecção da matriz energética de longo prazo, cerca de dez a doze anos, e só recentemente foi publicado um estudo efetivo que a contempla, o PNE 2030. O que tem sido tradicional no país, já há longo tempo, é a publicação do BEN, sempre do ano findo, que permite uma análise histórica dos quinze últimos anos. Como em um espelho, a prospecção da matriz energética é a projeção para o futuro, considerando as incertezas, para diferentes cenários evolutivos.

O balanço energético mostra as inter-relações entre a oferta, a transformação e o uso final de energia, e tem como foco principal o planejamento energético. No Brasil, o primeiro BEN foi elaborado pelo MME, em maio de 1976, contendo o registro do consumo dos últimos dez anos das fontes primárias e a projeção para os próximos dez anos.

Ao longo do tempo, como mostrado no Quadro 2.1, o BEN foi deixando de efetuar prospecções futuras para focalizar mais detalhadamente a situação atual.

Quadro 2.1: BEN e prospecção da matriz energética – histórico

- **Década de 70**
  MME e Ministério do Planejamento – matriz energética brasileira.
  Matriz consolidada de energia para 1970 e projetada para 1975, 1980 e 1985.
- **Em 1975**
  Instituição oficial do BEN.
  De 1976 a 1979, o BEN apresentava estatísticas dos últimos dez anos e prospecções para os próximos dez.
- **Em 1979**
  Instituiu-se o Modelo Energético Brasileiro (MEB).
  Apresentação de metas a serem alcançadas até 1985.
  Com o MEB, o BEN deixou de ser prospectivo.
- **Em 1990/1991**
  Reexame da matriz energética brasileira.
  Apresentação de diretrizes da política e alguns dados de oferta e demanda de energia para 1995, 2000 e 2010.
- **Final da década de 1990**
  Tentativas e discussões sobre a prospecção futura da matriz energética.
- **Atual (2009)**
  BEN 2008, trazendo dados até 2007.
  PNE 2030, com prospecção da matriz energética até 2030.

Fonte: Adaptado de Reis et al. (2005).

Modelos para elaboração e prospecção de matrizes energéticas

Existem no país e internacionalmente diversos *softwares* nos quais podem ser implantados e simulados modelos que, baseados no estabelecimento de relações adequadas, permitem a análise e o cálculo prospectivo da oferta e do consumo de energia, assim como do balanço entre a oferta e o consumo, considerando as características específicas de cada tipo de energético (rendimento, perdas no transporte, perdas comerciais etc.), para cada setor de consumo considerado: residencial, comercial, industrial (e seus diversos subsetores), rural, público, transportes. A avaliação de impactos ambientais é prevista em muitos desses *softwares*, em geral, no que se refere à poluição atmosférica. *Softwares* mais flexíveis e abertos para implantação de modelos pelos usuários permitem, obviamente, a obtenção de melhores resultados, uma vez que tornam possível o uso de modelos com características específicas de cada situação. Nesses modelos, de forma geral, a análise da oferta se baseia na relação da energia líquida disponibilizada pelos diversos recursos naturais energéticos do país e pela importação, desconsiderando a exportação.

A análise do consumo baseia-se, em geral, no estabelecimento de relações (modelos) que permitem associar o consumo energético de diferentes setores e subsetores da economia (como setores comercial, residencial, industrial; e como subsetores, do setor industrial, cerâmica, papel e celulose, alumínio, cimento, petroquímica etc.) às variáveis e índices globais e regionais/locais (tais como PIB, evolução dos preços dos energéticos, políticas de uso eficiente de energia, estratégias energéticas, restrições ambientais, políticas de universalização do atendimento energético etc.).

Entre esses modelos (associados a *softwares*) pode-se citar, no Brasil: os do balanço energético utilizado para o BEN e para os Balanços Energéticos Estaduais; os de prospecção de mercado para planejamento da Eletrobras e Petrobras; e os desenvolvidos e utilizados no âmbito de universidades, institutos de pesquisa, consultoras e ONGs (algumas vezes parciais e/ou simplificados).

No que diz respeito aos modelos, é importante ressaltar a metodologia utilizada no PNE 2030, que envolve três módulos – módulo macroeconômico, da demanda e da oferta – e um bloco de estudos finais. O módulo macroecônomico trabalha com cenários mundiais e nacionais e garante consistência. O da demanda efetua estudos desta e inclui o Modelo do Setor Residencial (MSR) e o Modelo Integrado de Planejamento Energético (Mipe). O módulo da oferta efetua estudos da oferta e inclui Modelos de Refino (M-REF) e do setor elétrico (Melp). O bloco de estudos finais integra oferta e consumo e usa modelos de consistência energética. Maiores informações podem ser conseguidas no PNE 2030, no site da EPE.

No âmbito internacional podem ser citados também diversos modelos, tais como o da Organização Latino Americana para o Desenvolvimento (Olade), do DOE, da IEA e da Stockholm Environment Institute (SEI).

Índices e indicadores representativos da evolução energética

É importante ressaltar que, nos modelos desenvolvidos, busca-se explicitar índices e indicadores representativos da evolução energética específicos para cada caso; indicadores que nem sempre são considerados na maior parte dos modelos existentes. Esses índices permitirão que se possa avaliar (ou simular, dependendo do caso), de forma quantitativa, os resultados de estratégias e políticas voltadas à área energética para o caso em questão.

Por exemplo, o cálculo da intensidade energética (energia/PIB), de um índice equivalente setorial (energia por unidade de produção de um setor) ou de comércio exterior (energia por unidade de exportação; energia por unidade de importação) poderá estar associado a políticas voltadas para a eficiência energética, nos dois primeiros casos, e a políticas comerciais, nos outros casos. No Brasil, por exemplo, a introdução de indicadores associados à geração hidrelétrica é de grande importância, até mesmo porque tais indicadores não são usuais em nível global, uma vez que os recursos hídricos têm pouca participação na oferta de energia em termos mundiais.

Diversos indicadores e índices podem ser utilizados para avaliação dos mais variados aspectos, como sociais, ambientais, econômicos, tecnológicos, índices de universalização do atendimento, energia disponibilizada *per capita*, intensidade energética, utilização de recursos renováveis, qualidade ambiental da produção e uso da energia. A regionalização dos índices permite uma avaliação das disparidades regionais e o estabelecimento de políticas distributivas.

Bases de dados – comentários gerais

Diversas bases de dados estão disponíveis no país e devem ser consideradas (após triagem e análise de consistência) no estabelecimento da base de dados globais para a prospecção da matriz energética. À primeira vista, poucas dessas bases se encontram georreferenciadas, o que resultará na necessidade de um esforço considerável, caso se deseje o georreferenciamento total.

Diversas bases de dados internacionais disponíveis, inclusive as associadas aos *softwares* e aos modelos citados acima, são consideradas para extração das informações de caráter global, necessárias para a elaboração da matriz brasileira.

No Brasil, além das bases de dados associadas aos modelos também citados acima, existem várias outras, tais como as dos ministérios e outros órgãos e institutos do governo federal; de secretarias e órgãos dos diversos estados da União; de centros de excelência energéticos (de biomassa, de recursos renováveis etc.); das agências reguladoras; de universidades, institutos de pesquisa e ONGs, de associações de classe (indústria, comércio etc.), entre outras.

Há também um grande número de informações que não são encontradas, por não estarem disponíveis, por serem disponíveis apenas em pequena quantidade ou por não serem confiáveis. Nessa situação, podem ser identificadas, *a priori*, diversas informações regionais e estaduais, sociais e ambientais etc. Nesse caso, é importante decidir que dados (internacionais, médios, *default* etc.) utilizar nos modelos, assim como definir se o modelo ficará "congelado" algum tempo em termos de dados, enquanto se estabelecem critérios e procedimentos para que informações sejam coletadas de forma sistemática e consistente e se constrói um banco de dados confiável e adequado à modelagem considerada.

Consideração acerca da construção da prospecção da matriz energética e seu aperfeiçoamento ao longo do tempo

Ao se tratar da estrutura necessária para a construção de uma matriz energética nacional de longo prazo, devem ser considerados três pilares básicos de sustentação, sobre os quais o aperfeiçoamento do processo de tratamento da energia terá de se assentar, com vistas ao planejamento de longo prazo. Esses pilares estão relacionados ao cenário energético atual e à necessidade de uma visão integrada, consistente e transparente da questão.

O primeiro pilar é a importância de integração da visão de planejamento com a do acompanhamento tecnológico e de fomento. Essa integração é fundamental para que a elaboração dos cenários para o planejamento seja aderente às políticas tecnológicas e de fomento, com vistas a fornecer todas as informações necessárias para análise e decisão.

O segundo é a clara necessidade de se estabelecer procedimentos para montagem de um sistema integrado, transparente e consistente em informações, dados e modelos para simulação e análise. Esse sistema é fundamental para a execução das tarefas visualizadas e, no contexto global do setor energético, também deverá ser consistente com os requisitos de um banco geral de informações, necessário para a elaboração do planejamento integrado, do planejamento de longo prazo e dos planos decenais: da eletricidade, dos combustíveis, da eficiência energética e das fontes renováveis.

O terceiro, de grande importância principalmente no caso de estudos de longo prazo, é a necessidade do processo de planejamento apresentar características dinâmicas de avaliações periódicas, associadas a uma monitoração continuada do cenário da energia. Isso porque o cenário apresenta uma grande efervescência, em termos nacionais e internacionais, sobretudo por causa da influência da questão ambiental cada vez maior, e da maior ênfase dada à adequada utilização dos recursos naturais.

Tendo como referência os três pilares de sustentação e o cenário atual do planejamento de longo prazo, podem ser apresentadas as seguintes considerações e sugestões acerca do aperfeiçoamento da construção da prospecção da matriz energética:

1. Como requisito básico da estruturação de um processo para elaboração de cenários alternativos para a matriz energética, deve-se citar a necessidade de utilizar a sinergia de todos os órgãos e instituições envolvidos de certa forma com as questões do planejamento. Assim, é importante estabelecer procedimentos voltados para a consolidação do processo de interação com grupos do governo (e outros ministérios), órgãos e instituições do setor elétrico voltados ao planeja-

mento (como pesquisas de mercado e balanço da oferta; políticas tecnológicas, industriais e energéticas; fomento nacional e internacional; pesquisas, etc.), universidades e centros de pesquisa, entre outros.

A estrutura criada deve apresentar forte interação, com o processo de elaboração do planejamento de longo prazo. Nesse contexto, dado que o plano de longo prazo deve ser consistente com os planos decenais, é importante ressaltar as tarefas de integração com os órgãos responsáveis por estes planos do setor elétrico e os de eficiência energética, de combustíveis e de fontes renováveis. Além disso, em consonância com a sua crescente importância, deve-se seguir a orientação de valorizar mais as questões ambientais e sociais, na linha de um planejamento integrado de recursos, o que reforça a necessidade de um tratamento mais apropriado das fontes renováveis alternativas, da eficiência e das tecnologias ambientalmente adequadas nas análises de longo prazo.

É da maior importância que o processo seja multidisciplinar, aberto e participativo. Certamente, isso se refere ao setor energético como um todo (na realidade, o processo poderia ser muito mais amplo, envolvendo os diversos usos da água – PIR das bacias hidrográficas e até mesmo a infraestrutura como um todo). A forma de implantação ou aperfeiçoamento do processo depende dos seus objetivos, necessitando-se de um cuidado especial para que seja sustentável e se encaminhe para soluções que sejam práticas e factíveis. Devem ser consideradas todas as formas de uso de recursos naturais, com suas características específicas quanto aos vetores econômicos, tecnológicos, sociais, ambientais e políticos. Sempre que necessário, o processo deve considerar *workshops* ou eventos semelhantes para debate e disseminação da cultura de multidisciplinaridade, de preferência associada à discussão de um caso real de pequeno porte (PIR local ou regional), que poderia servir de piloto de "aprendizagem", pode-se dizer assim.

Isso permitirá que o planejamento como um todo se torne mais equilibrado; as diversas visões tendam a convergir para a melhor solução (de consenso); as alternativas incorporem os pontos de vista de todos os atores envolvidos; e os resultados permitam uma visão clara de todos os benefícios e problemas, em todos os aspectos: técnicos, econômico-financeiros, tecnológicos, socioambientais e políticos.

Do ponto de vista prático, da elaboração dos diversos documentos de planejamento, a implantação desse processo poderia tomar como ponto de partida as próprias experiências já conseguidas com o BEN e com as elaborações da prospecção da matriz energética do PNE 2030, mas expandidas para acolher novos atores, outras visões e uma forma de decisão participativa. É importante também que este processo incorpore, desde o início, a ideia de um banco de dados, informações e modelagem para análise, consistente, aberto e transparente.

2. Na criação de cenários alternativos para o próximo período de análise, associados às políticas tecnológicas e de fomento, sobretudo as voltadas ao incentivo da utilização das fontes renováveis, da eficiência energética e das tecnologias ambientalmente adequadas, devem ser consideradas não só as políticas já estabelecidas e em andamento, mas também a experiência mundial (adaptada às condições do Brasil) em políticas similares e outras que possam advir ou serem sugeridas em função do desenrolar da questão ambiental, em termos nacionais e internacionais. Como exemplos mais fortes da evolução da questão ambiental em termos internacionais, há os desdobramentos e as potencialidades futuras associadas ao encaminhamento do Protocolo de Quioto, que poderá gerar um grande mercado para o uso dos recursos naturais renováveis, em particular, a biomassa. Os cenários assim desenvolvidos poderão sofrer alguma triagem, para que, então, sejam estabelecidos os que deverão ser utilizados nos trabalhos de planejamento de longo prazo. Conforme já apresentado, essa tarefa deverá ser efetuada de forma interativa e integrada, para que haja aderência entre os cenários visualizados e as políticas tecnológicas e de fomento.

   Essa questão de atrelar cenários às políticas, em princípio parece bastante simples, mas encerra um alto grau de complexidade, principalmente quando se examina a fragmentação, a heterogeneidade e as grandes dimensões do setor energético brasileiro como um todo. Portanto, não há necessidade, neste livro, de estender outras considerações sobre este assunto. Basta citar pequenos fatos (mas grandes problemas) para dar uma ideia das dificuldades: pode haver diversas políticas em andamento (em diferentes níveis – federal, estadual e municipal), mas se desenvolvendo de forma desagregada (às vezes conflitante); há uma grande diferença quanto ao domínio do processo de planejamento, tratamento e acesso aos dados e informações (um bom número dos estados não tem estrutura para construir sua matriz energética); as realidades econômicas e sociais são extremamente diferentes, o que deve ser considerado no contexto da equidade energética (pelo menos, neste caso) e da utilização de indicadores voltados a permitir maior efetividade da decisão participativa; e os próprios setores energéticos apresentam disparidades em sua organização e capacidade de planejar.

Essa constatação, que se aplica a todos os tópicos aqui abordados, tem características especiais no caso do atrelamento dos cenários às políticas; não basta implantar uma estrutura que consiga captar no todo (ou ao menos, no nível aceitável, de acordo com o objetivo do planejamento) o leque atual de políticas internas. É necessário também prospectar (sempre no longo prazo) as políticas internacionais (principalmente as que podem criar oportunidades para países como o Brasil) e as tendências (internas e internacionais), e permitir a liberdade de sugerir políticas (claro que atreladas a uma realidade factível), cujo impacto na análise de cenários permitirá a obtenção das informações necessárias para que se decida sobre sua adoção ou não.

Nessa circunstância, deve-se reforçar a importância da interação e da integração geral. Um conhecimento correto do setor energético brasileiro retratado na matriz, em seu contexto total, desde a prospecção de recursos até os diversos usos finais, assim como a participação de todos os envolvidos (nas discussões, no acesso e na necessidade de participar do sistema de informações, entre outros), poderá permitir a discussão e a sugestão de políticas específicas para um determinado setor e um dado recurso natural, por exemplo.

3. É importante que sejam estabelecidos procedimentos e metodologias para atualização das informações, elaboração de previsões, acompanhamento (monitoração) e reavaliação (realimentação) das informações, entre outros, considerando as diversas fontes: geração de energia elétrica; cogeração; outros usos energéticos (calor, transporte etc.); geração distribuída; questão ambiental (relações e oportunidades internacionais); questão tecnológica e de fomento; políticas em andamento e sugeridas. Essa atividade também deve considerar o aproveitamento da sinergia entre os diferentes órgãos e instituições nacionais e internacionais, integrando-se ao sistema mais geral que vem sendo tratado e desenhado ao longo deste capítulo. Dessa forma, todos os comentários já apresentados, assim como os que virão a seguir, também se aplicam a essa questão.
4. Devem ser estabelecidos procedimentos para a compatibilização, consistência e integração das informações, dados e modelos para simulação e análise, disponíveis e em uso no país, com vistas a estabelecer uma estrutura de informações, dados e modelagem integrada, consistente, transparente e georreferenciada, que terá de atender aos requisitos de um sistema maior, do setor energético como um todo. Esses procedimentos devem tratar não apenas da coleta e verificação de consistência do que já existe, como também do processo de monitoração e da coleta de novas informações ainda não disponíveis.

Essa tarefa deve aproveitar a sinergia dos diversos órgãos e instituições que atuam no setor energético, tais como os centros de referência, universidades, associações e empresas do setor energético, entre outros. No entanto, deve considerar a necessidade da criação de um sistema de coleta (recepção) de dados e informações de todos os atores envolvidos com a questão (indústrias, unidades comerciais, cooperativas, concessionárias do setor energético, entre outros), que também terão acesso aos dados, informações e modelos, criando e consolidando o sistema consistente, aberto e participativo que se visualiza.

A construção desse sistema, certamente, demandará um grande esforço e consumirá um tempo razoável, mas é preciso começar com aquilo que já está disponível e com a implantação da cultura e prática de coleta, do tratamento e da disponibilização dos dados e informações.

A estrutura visualizada, além disso, deve buscar fortalecer, interagir e integrar outros esforços que caminham na mesma direção, como redes nacionais e outras iniciativas similares.

A interação com órgãos internacionais, como a IEA e o EIA-DOE dos Estados Unidos, com os quais já se tem contato relevante, também deve ser enfatizada. A experiência desses órgãos, principalmente na troca de informações, interação com os diversos agentes, análise de consistência, preparação de relatórios e disponibilização de informação aberta ao público, pode ser de grande importância para a estruturação do sistema aqui visualizado, certamente sujeito aos cuidados de adaptação à nossa realidade.

BEN - A MATRIZ ENERGÉTICA BRASILEIRA

O BEN apresenta os fluxos energéticos das fontes primárias e secundárias de energia, desde a produção até o consumo final, nos principais setores da economia.

O balanço atual sempre apresenta os mais recentes dados do ano anterior. Por exemplo, no BEN 2008, são incorporados os dados do ano de 2007.

O BEN apresenta de forma consolidada os principais dados energéticos do país, como produção e consumo de energéticos, resultado da compilação de diversas fontes de dados. Os critérios adotados na apropriação dos dados dos balanços energéticos são baseados em sete normas técnicas, elaboradas especificamente para o BEN. Já a classificação de consumo setorial do BEN segue o código de atividades da Receita Federal.

Vale destacar que as tabelas contidas no BEN apresentam os dados do ano de referência mais os dados dos últimos quinze anos.

Histórico

No Brasil, o primeiro BEN foi elaborado pelo MME, em maio de 1976, contendo o registro do consumo dos últimos dez anos das fontes primárias e uma projeção para os próximos dez anos.

Conceitos básicos

Um melhor entendimento do Balanço pode ser obtido se alguns conceitos básicos forem, inicialmente, conhecidos. Dessa forma, são apresentados a seguir os conceitos principais envolvidos no BEN, com simples referência aos conceitos já apresentados no capítulo anterior para as cadeias energéticas: energia primária, secundária e consumo final.

É de se destacar, ainda, que o *consumo final* de fontes primárias e secundárias se desagrega em: *energético* e *não energético*, consumo total, consumo final energético, oferta interna de energia e consumo final de energia.

Ressalta-se que, considerando os ajustes estatísticos, a diferença entre a oferta interna de energia e o consumo final corresponde à soma das perdas na distribuição e armazenagem com as perdas nos processos de transformação (refinarias, destilarias, centrais elétricas, coquerias etc.). Além disso, tem-se *importação* e *exportação*.

Estrutura geral

A Figura 2.6, retratando a cadeia energética, é uma síntese da metodologia utilizada no BEN e expressa o balanço das diversas etapas do processo energético: produção, transformação e consumo.

Assim, a estrutura geral do balanço é composta por quatro partes:

- Energia primária.
- Transformação.
- Energia secundária.
- Consumo final.

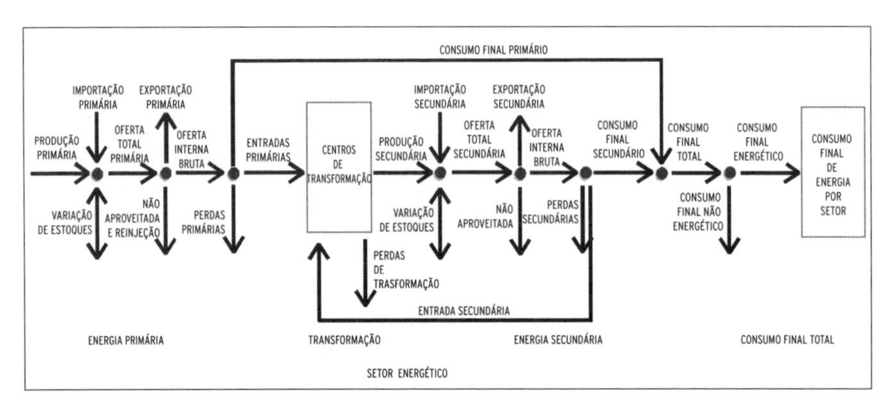

Figura 2.6: Estrutura geral do BEN

Fonte: EPE; BEN (2008).

Segue abaixo a descrição de cada elemento que constitui o balanço energético consolidado, apresentado no final do BEN. Nota-se que muitos dos elementos apresentados a seguir já foram enfocados no Capítulo 1, na apresentação da cadeia energética. A repetição deles aqui foi efetuada apenas com o objetivo de facilitar ao leitor a sua introdução direta e completa nas características do Balanço Energético Nacional.

Energia primária

Produtos energéticos providos pela natureza na sua forma direta, como petróleo, GN, carvão mineral, resíduos vegetais e animais, energia solar, eólica etc.

Fontes de energia primária – petróleo, GN, carvão vapor, carvão metalúrgico, urânio (U_3O_8), energia hidráulica, lenha e produtos da cana (melaço, caldo de cana e bagaço).

Outras fontes primárias – inclui resíduos vegetais e industriais para geração de vapor, calor etc.

Energia secundária

Produtos energéticos resultantes dos diferentes centros de transformação que têm como destino os diversos setores de consumo e, eventualmente, outro centro de transformação.

Fontes de energia secundária – óleo diesel, óleo combustível, gasolina (automotiva e de aviação), GLP, nafta, querosene (de iluminação e de aviação), gás (de cidade e de coqueria), coque de carvão mineral, urânio contido no UO_2 dos elementos combustíveis, eletricidade, carvão vegetal, álcool etílico (anidro e hidratado) e outras secundárias de petróleo (gás de refinaria, coque etc.).

Produtos não energéticos do petróleo – derivados de petróleo que, mesmo tendo significativo conteúdo energético, são utilizados para outros fins (graxas, lubrificantes, parafinas, asfaltos, solventes etc.).

Outras secundárias – alcatrão obtido na transformação do carvão metalúrgico em coque.

Total geral

Consolida todas as energias produzidas, transformadas e consumidas no país. É a soma do total de energia primária e secundária.

Oferta

Quantidade de energia que se coloca à disposição para ser transformada e/ou para consumo final.

Produção – energia primária que se obtém de recursos minerais, vegetais e animais (biogás), hídricos, reservatórios geotérmicos, sol, vento, marés. Tem sinal positivo.

Importação – quantidade de energia primária e secundária proveniente do exterior que entra no país e constitui parte da oferta no balanço. Tem sinal positivo.

Variação de estoques – diferença entre o estoque inicial e final de cada ano. Um aumento de estoques em um determinado ano significa uma redução na oferta total. No balanço, as entradas têm sinal negativo e as saídas, positivo.

Oferta total – Corresponde à soma da produção, importação e variação de estoques, obedecendo-se os sinais de convenção.

Exportação – quantidade de energia primária e secundária que se envia do país para o exterior. É identificada com sinal negativo.

Energia não aproveitada – quantidade de energia que, por condições técnicas ou econômicas, atualmente não está sendo utilizada. É caracterizada com sinal negativo.

Reinjeção – quantidade de GN que é reinjetado nos poços de petróleo para uma melhor recuperação deste hidrocarboneto. Tem sinal negativo.

Oferta interna bruta – quantidade de energia que se coloca à disposição do país para ser submetida aos processos de transformação e/ou consumo final. Corresponde à soma da oferta total, exportação, energia não aproveitada e reinjeção, obedecendo-se os sinais de convenção.

Transformação

Este setor agrupa todos os centros de transformação onde a energia que entra (primária e/ou secundária) se converte em uma ou mais formas de energia secundária, com suas correspondentes perdas na transformação.

Centros de transformação – refinarias de petróleo, plantas de GN, usinas de gaseificação, coquerias, ciclo do combustível nuclear, centrais elétricas de serviço público e autoprodutoras, carvoarias e destilarias.

Outras transformações – inclui os efluentes (produtos energéticos) produzidos pela indústria química, provenientes do processamento da nafta e outros produtos não energéticos de petróleo.

Transformação total – É a soma dos centros de transformação de outras transformações. Apresenta a soma algébrica de energia primária e secundária que entra e sai do conjunto desses centros.

Observações importantes sobre os sinais nos centros de transformação:

- Toda energia primária e/ou secundária que entra (como insumo) no centro de transformação tem sinal negativo.
- Toda energia secundária produzida nos centros de transformação tem sinal positivo.

Perdas

Perdas na distribuição e armazenagem – perdas ocorridas durante as atividades de produção, transporte, distribuição e armazenamento de energia. Como exemplos, pode-se destacar: perdas em gasodutos, oleodutos, linhas de transmissão de eletricidade, redes de distribuição elétrica. Não se incluem nesta linha as perdas nos centros de transformação.

Ajustes estatísticos

Ferramenta utilizada para compatibilizar os dados correspondentes à oferta e ao consumo de energia, provenientes de fontes estatísticas diferentes.

Ajustes – Quantificam-se os *deficits* e *superavits* aparentes de cada energia, produtos de erros estatísticos, informações ou medidas.

Consumo final

Nesta parte se detalham os diferentes setores da atividade socioeconômica do país, para onde se direciona a energia primária e secundária, configurando o consumo final de energia.

Consumo final – energia primária e secundária que se encontra disponível para ser usada por todos os setores de consumo final do país, incluindo o consumo final energético e o não energético. Corresponde à soma destes dois consumos.

Consumo final não energético – quantidade de energia contida em produtos que são utilizados em diferentes setores para fins não energéticos.

Consumo final energético – agrega o consumo final dos setores energético, residencial, comercial, público, agropecuário, transportes, industrial e consumo não identificado.

Consumo final do setor energético – energia consumida nos centros de transformação e/ou nos processos de extração e transporte interno de produtos energéticos em sua forma final.

Consumo não identificado – corresponde ao consumo que, pela natureza da informação compilada, não pode ser classificado em nenhum dos setores anteriormente descritos.

Por sua vez, os setores de transporte e industrial estão ainda subdivididos da seguinte forma:

Transporte: rodoviário, ferroviário, aéreo e hidroviário.

Industrial: cimento, ferro-gusa e aço, ferroligas, mineração/pelotização e não ferrosos/outros da metalurgia, química, alimentos e bebidas, têxtil, papel e celulose, cerâmica e outros.

Produção de energia secundária

Corresponde à soma dos valores positivos referentes aos centros de transformação.

Deve-se observar que a produção de energia secundária aparece no bloco relativo aos centros de transformação, tendo em vista ser toda ela proveniente da transformação de outras formas de energia. Assim, para evitar dupla contagem, a linha de "produção" da matriz fica sem informação para as fontes secundárias.

Convenção de sinais

Nos blocos de oferta e centros de transformação da matriz do balanço consolidado, toda quantidade de energia que tende a aumentar a energia disponível no país é POSITIVA – produção, importação, retirada de estoque, saídas dos centros de transformação –, e toda quantidade que tende a diminuir a energia disponível no país é NEGATIVA – acréscimo de estoque, exportação, energia não aproveitada, reinjeção, energia transformada, perdas na transformação e perdas na distribuição e na armazenagem.

Finalmente, todos os dados que se encontram na parte referente ao consumo final de energia são também negativos. No entanto, por motivo de simplificação, na apresentação, aparecem como quantidades aritméticas (sem sinal).

Unidades

Para expressar os fluxos energéticos do balanço de energia, faz-se necessária a adoção de uma única unidade. No BEN, é adotada a unidade básica "tonelada equivalente de petróleo" (tep), de forma coerente com o Sistema Internacional de Unidades (SI).

Com exceção da eletricidade, cuja conversão de unidades leva em consideração rendimentos de processos de transformação, todos os demais produtos energéticos são convertidos para tep, considerando apenas os seus respectivos poderes caloríficos em relação ao poder calorífico do petróleo.

Alguns conceitos importantes relacionados às unidades, que facilitam o entendimento do BEN, são:

- *Unidades de medida* (comerciais) são unidades que normalmente expressam as quantidades comercializadas das fontes de energia, por exemplo: para os sólidos, a tonelada (t) ou libra (lb); para os líquidos, o metro cúbico (m^3) ou barril (bbl); para os gasosos, metro cúbico (m^3) ou o pé cúbico ($pé^3$); para eletricidade, o watt (W); e para potência e energia, o watt-hora (Wh).
- *Unidade comum* é a unidade na qual se convertem as unidades de medidas utilizadas para as diferentes formas de energia. Esta unidade permite adicionar, nos balanços energéticos, quantidades de energias diferentes. Segundo o SI, o joule ou o quilowatt-hora são as unidades regularmente utilizadas como unidade comum, entretanto, outras unidades são correntemente utilizadas por diferentes países e organizações internacionais, como a tep, a tonelada equivalente de carvão (tec), a caloria e seus múltiplos, British thermal unit (Btu) etc.
- *Fatores de conversão* (coeficientes de equivalência) são coeficientes que permitem passar as quantidades expressas em uma unidade de medida para quantidades expressas em uma unidade comum. Por exemplo, no caso do Brasil, para se converter tonelada de lenha em tep, utiliza-se o coeficiente 0,306, que é a relação entre o poder calorífico da lenha e o do petróleo (3.300 kcal/kg/ 10.800 kcal/kg), ou seja, 1t de lenha = 0,306 tep.
- *Tep* é a unidade comum na qual se convertem as unidades de medida das diferentes formas de energia utilizadas no BEN.
- *Caloria (cal)* é a quantidade de calor necessária para elevar a temperatura de um grama de água de 14,5°C a 15,5°C, à pressão atmosférica normal (a 760 mm Hg). Com relação ao joule (J) valem as relações: 1cal = 4,1855 e 1J = 0,239 cal.
- *Poder calorífico* é a quantidade de calor, em kcal, que desprende 1 kg ou $1m^3$ N de combustível, quando da sua combustão completa. Note-se que os combustíveis que produzem H_2O nos produtos da combustão (proveniente de combustão ou de água de impregnação) têm um poder calorífico superior e um poder calorífico inferior. Como a água, na maioria das vezes, escapa pela chaminé na forma de vapor, o poder calorífico inferior é que tem significado prático.
- *Newton (N)* é uma unidade de força. O newton é a força que, quando aplicada a um corpo tendo a massa de 1 quilograma, transmite uma aceleração de 1 metro por segundo ao quadrado. Considerando-se a aceleração da gravidade de 9,806 m/s^2, tem-se: 1N = 0,102 kg.

- *J* é a unidade de trabalho, de energia e de quantidade de calor. O joule é o trabalho produzido por uma força de 1 newton cujo ponto de aplicação se desloca 1 metro na direção da força: 1 J = 1 N.m.
- *W* é uma unidade de potência. O watt é a potência de um sistema energético no qual é transferida uniformemente uma energia de 1 joule durante 1 segundo: 1 W = 1 J/s.
- *Wh* é a energia correspondente à potência de 1 W transferida uniformemente durante watt e o watt-hora e seus múltiplos são as unidades de medida utilizadas para hidráulica e eletricidade, para potência e energia, na geração, transmissão e distribuição.

A Tabela 2.2, a seguir, apresenta os principais fatores de conversão de unidades utilizados nos cálculos do Balanço Energético Nacional.

Tabela 2.2: Fatores de conversão de unidades energéticas utilizados no BEN (*)

PARA	J (joule)	Btu	Cal	kWh
J (joule)	1,0	$947,8 \times 10^{-6}$	0,23884	$277,7 \times 10^{-9}$
Btu	$1,055 \times 10^{3}$	1,0	252,0	$293,07 \times 10^{-6}$
Cal	4,1868	$3,968 \times 10^{-3}$	1,0	$1,163 \times 10^{-6}$
kWh	$3,6 \times 10^{6}$	3.412,0	$860,0 \times 10^{3}$	1,0
tep	$41,87 \times 10^{9}$	$39,68 \times 10^{6}$	10×10^{9}	$11,63 \times 10^{3}$
bep	$5,95 \times 10^{9}$	$5,63 \times 10^{6}$	$1,42 \times 10^{9}$	$1,65 \times 10^{3}$

(*) De Para – Multiplicar por

Fonte: EPE (2008).

Sumário executivo do BEN

Um documento importante do BEN é o sumário executivo, essencialmente um resumo de seu relatório final.

O sumário executivo do BEN 2008 apresenta os seguintes capítulos e anexos:

- **Capítulo 1: Síntese dos resultados** – contém as principais informações sobre energia, sociedade e economia, bem como os principais indicadores utilizados em análises energéticas e uma comparação das emissões de CO_2 entre o Brasil e outras regiões.

- **Capítulo 2: Oferta e demanda de energia por fonte** – apresenta, para as principais fontes energéticas, a contabilização de seus fluxos (oferta, transformação e consumo).
- **Capítulo 3: Consumo de energia por setor** – apresenta a consolidação dos dados para cada setor consumidor.
- **Capítulo 4: Comércio externo de energia** – traz os dados das importações, das exportações de energia e da dependência externa de energia.
- **Capítulo 5: Recursos e reservas energéticas** – apresenta os principais dados dos recursos e das reservas das fontes primárias de energia.
- **Capítulo 6: Energia e socioeconomia** – apresenta os principais parâmetros da atividade econômica e sua correlação com a estrutura energética do país.
- **Capítulo 7: Cadeias energéticas** – representa os principais fluxos energéticos do país, sob a forma de cadeias dos produtos de maior relevância.
- **Capítulo 8: Balanço consolidado** – apresenta as matrizes energéticas do país para anos selecionados.
- **Anexo I: Estrutura dos fluxos de energia.**
- **Anexo II: Conceitos de operações básicas.**
- **Anexo III: Referências, unidades e fatores de conversão.**

Acesso ao BEN de anos anteriores

As séries completas e as publicações do BEN, na íntegra, desde 1970, podem ser encontradas nos sites do MME e da EPE (www.ben.epe.gov.br).

Balanços energéticos estaduais no Brasil

Alguns estados brasileiros também desenvolvem seu balanço energético e até mesmo estudos de prospecção da matriz energética. Mas ainda falta muito para que todos os estados tenham seus balanços e prospecções e que o conjunto deles sejam consistentes e alinhados com os documentos equivalentes em nível nacional.

A PROSPECÇÃO FUTURA DA MATRIZ ENERGÉTICA DO BRASIL – O PNE

Conforme já citado, após certo período de ensaios e dificuldades até mesmo burocráticas, finalmente foi elaborado o PNE 2030, que contém prospecções da matriz energética do Brasil até o referido ano. Diversos componentes desse plano estão disponíveis no site da EPE, de certa forma refletindo no processo de sua elaboração. Assim, podem-se obter os dez documentos emitidos no ano de 2006, referentes a seminários públicos, a saber:

- PNE 2030 – Projeções do consumo final de energia.
- PNE 2030 – Geração hidrelétrica.
- PNE 2030 – Carvão mineral.
- PNE 2030 – Combustíveis líquidos.
- PNE 2030 – Eficiência energética.
- PNE 2030 – GN.
- PNE 2030 – Estratégia para expansão da oferta.
- PNE 2030 – Petróleo e derivados.
- PNE 2030 – Cenários macroeconômicos.
- PNE 2030 – Geração termonuclear.

Em 2007, foram efetuadas apresentações, e também foi emitido o relatório final completo, em um total de três documentos:

- PNE 2030 – Apresentação do Conselho Nacional de Política Energética (CNPE).
- PNE 2030 – Informe à imprensa.
- PNE 2030 – Documento final (íntegra do relatório).

Em 2008, foram emitidos onze Cadernos Temáticos, a saber:

- PNE 2030 – Análise retrospectiva.
- PNE 2030 – Projeções.
- PNE 2030 – Geração hidrelétrica.
- PNE 2030 – Geração termelétrica (petróleo e derivados).
- PNE 2030 – Geração termelétrica (GN).
- PNE 2030 – Geração termelétrica (carvão mineral).
- PNE 2030 – Geração termonuclear.
- PNE 2030 – Geração termelétrica (biomassa).
- PNE 2030 – Outras fontes.

- PNE 2030 – Combustíveis líquidos.
- PNE 2030 – Eficiência energética.

Desses documentos, o relatório final de 2007 apresenta os resultados completos dos estudos, contendo os seguintes tópicos principais:

1. **O contexto**
   Aspectos metodológicos
   Cenários macroeconômicos
   Cenários mundiais
   Cenários nacionais
   Estrutura setorial do PIB
   População
   Contexto energético
   Preços do petróleo
   Preços do GN
   Meio ambiente
   Desenvolvimento tecnológico
2. **Projeções da demanda de energia final**
   Introdução
   Projeções do consumo final
   Consumo final por fonte
   Consumo final por setor
   Eficiência energética
3. **Petróleo e derivados**
   Introdução
   Recursos e reservas nacionais
   Produção doméstica e consumo de petróleo
   Consumo de derivados
   Óleo diesel
   Refino
   Meio ambiente
4. **GN**
   Introdução
   Recursos e reservas nacionais

Por este conteúdo pode-se concluir a importância do PNE 2030, que, além de apresentar, de certa forma, um caráter inovador, é também bastante abrangente e enfoca as principais questões de interesse do setor energético brasileiro até o momento de sua emissão.

Do ponto de vista da prospecção futura da matriz como um todo, é importante ressaltar o Capítulo 1 "Contexto" , o capítulo 2 "Projeções da demanda de energia final" e o Capítulo 7 "Resultados consolidados". Esses capítulos sumarizam o processo de construção da prospecção da matriz, contendo os principais passos de análise citados anteriormente neste capítulo. De especial importância é o tópico cenários macroeconômicos, que apresenta os cenários mundiais e os cenários nacionais associados, que orientariam a construção da prospecção da matriz em um processo completo, servindo como base mais sólida para o estabelecimento de políticas energéticas. Isso, entre outros aspectos já citados, deixou a desejar nesta edição do PNE 2030, uma vez que apenas um cenário foi escolhido para a determinação dos resultados apresentados no Capítulo 7, embora quatro tenham sido construídos.

De qualquer forma, como já apresentado, o PNE 2030 apresenta a importante característica de ser o primeiro estudo efetivo, oficialmente publicado, que contempla a prospecção da matriz energética de longo prazo. Esse estudo, buscado mais fortemente há cerca de dez a doze anos, pode e deve servir de base para os aperfeiçoamentos já apresentados neste livro, incluindo a introdução de outros cenários e sua efetiva reavaliação periódica, em um tempo compatível com o período de análise. É certo que isso, entre as diversas vantagens apontadas aqui, permitirá melhor tratamento de alguns fatos que vem ocorrendo atualmente no país, do ponto de vista energético, como a minoração das expectativas iniciais sobre o impacto dos biocombustíveis na inserção energética mundial do Brasil e as recentes descobertas de petróleo e GN na camada pré-sal da costa marítima da região sudeste brasileira.

EXERCÍCIOS

1) Procure identificar (o que pode ser feito via internet) quais estados do Brasil possuem balanços energéticos e planejamento energético, e quais ainda não. Verifique a con-

sistência de pelo menos um balanço energético estadual, comparando-o com o BEN. Examine os dados e as informações que ambos têm em comum.

2) Procure construir um diagrama que represente o processo de planejamento e gestão ao longo do tempo, indicando sua relação com estratégias e táticas, e com as informações da matriz energética, quando se enfoca a energia. Procure identificar relações concretas, usando como exemplo um documento de referência, como o PNE 2030.
3) Reflita sobre a confiabilidade dos sistemas energéticos em seus aspectos estruturais e conjunturais, e associe esses aspectos às situações de racionamento e de apagão (*blackout*).
4) Procure associar as mesmas situações a eventos mais ou menos recentes no Brasil e verifique a grande confusão feita por causa da utilização errada desses conceitos, principalmente no que diz respeito aos aspectos políticos da questão. Nesse contexto, reflita sobre a importância da transparência e da continuidade na construção de um processo adequado de planejamento, de políticas energéticas e de prospecção de matrizes energéticas.
5) Reflita sobre os principais aspectos definidores de cenários utilizados nos estudos da WEC até 2100 e verifique como evoluiu a situação internacional da época em que os estudos foram efetuados até hoje. É possível dizer que houve algum avanço positivo? Houve retrocesso? Tente enumerar avanços e retrocessos que você considera terem ocorrido entendendo suas razões.
6) Procure verificar no BEN quais são os indicadores energéticos calculados, tentando entender seus objetivos. Verifique que outros indicadores também poderiam ser calculados com as informações disponíveis, tanto do lado da oferta como do consumo. Defina e calcule pelo menos três desses "novos" indicadores e sugira aplicações práticas a eles.
7) Analise os valores de emissões de gases do efeito estufa constantes no BEN (e de balanços estaduais disponíveis) e os indicadores associados a elas. Procure dados sobre outras fontes de emissão no Brasil (desmatamento, por exemplo) e verifique a participação do setor energético neste total.
8) Verifique quais foram os quatro cenários nacionais inicialmente considerados no PNE 2030 para a demanda de energia e qual deles foi usado na consolidação final de dados. Procure analisar, mesmo que seja apenas qualitativamente, qual teria sido o impacto dos outros três nos resultados finais, e como o conjunto total de quatro cenários poderia servir de base para o estabelecimento de políticas energéticas.

3 Matrizes energéticas em âmbito global e nacional: fontes de dados e tendências

INTRODUÇÃO

Neste capítulo, são enfocadas, de forma prática e objetiva, as principais fontes de informação associadas à matriz energética, tanto em âmbito internacional quanto nacional.

O objetivo é proporcionar ao leitor a possibilidade de acessar e buscar dados energéticos de interesse, assim como informações atualizadas e confiáveis sobre as principais questões relacionadas ao tema. Nesse sentido, busca-se descrever, de forma sucinta, as principais características e conteúdos das fontes tratadas. Para tanto, foram escolhidas as seguintes instituições: a International Energy Agency (IEA); o Energy Information Administration/ Department of Energy (EIA-DOE) do governo dos Estados Unidos; e a Empresa de Pesquisa Energética (EPE), do governo brasileiro. As duas primeiras instituições são reconhecidas internacionalmente como as principais fontes de informações energéticas mundiais; e a instituição brasileira é a responsável pelo BEN e por estudos de planejamento energético no Brasil. Vale a pena ressaltar que há um intercâmbio entre a EPE (assim como diversas outras organizações da maioria dos países) e as instituições internacionais citadas, visando principalmente garantir a consistência dos dados nacionais utilizados nas fontes de informações internacionais.

Nesse contexto, são enfocadas inicialmente as matrizes energéticas e outras informações em âmbito global, da IEA e da EIA-DOE, com base em seus respectivos sites: www.iea.org e www.eia.doe.gov; e as informações fornecidas pela EPE, no site: www.epe.gov.br. Em seguida, é apresentada uma breve descrição das instituições, bem como um sumário das principais informações disponíveis em cada uma. Depois, com base em informações contidas nessas fontes, enfoca-se o cenário energético atual, tanto em termos mundiais como nacionais, dando-se ênfase na oferta, no consumo e nos diversos setores energéticos já apresentados no Capítulo 1. Por fim, são apresentadas, e sucintamente comentadas, as tendências apontadas pelas prospecções das matrizes energéticas efetuadas pelas referidas instituições, finalizando com os "Exercícios", elaborados para estabelecer e/ou aumentar a familiaridade do leitor com os referidos sites e as informações e dados neles contidos.

MATRIZES ENERGÉTICAS E INFORMAÇÕES EM ÂMBITO GLOBAL

As principais informações sobre matrizes energéticas, assim como sobre diversos assuntos de importância relacionados à energia em âmbito global, são expostas pela IEA e pela EIA-DOE.

A seguir, é apresentada uma descrição sucinta de cada uma dessas instituições e das principais informações disponíveis em seus sites. Na seção "Questões para reflexão e desenvolvimento", são sugeridas atividades para instigar explorações nos referidos sites, com o objetivo de tornar o leitor mais afeito à questão energética.

IEA

A IEA, que tem sede em Paris, é formada pelos países da OECD e elabora, principalmente, estudos sobre energia, crescimento econômico e sustentabilidade. É uma organização que atua como assessora de políticas de energia para 28 países membros (Alemanha, Austrália, Áustria, Bélgica, Canadá, Coreia, Dinamarca, Eslováquia, Espanha, Estados Unidos, Finlândia, França, Grécia, Holanda, Hungria, Irlanda, Itália, Japão, Luxemburgo, Nova Zelândia, Noruega, Polônia, Portugal, Reino Unido, República Checa, Suécia, Suíça e Turquia), a fim de assegurar uma energia confiável, disponível e limpa para seus cidadãos, baseando-se em uma política equilibrada de energia, na segurança energética, no desenvolvimento econômico e na proteção do meio ambiente.

Em seu site, além das informações relacionadas à matriz energética mundial, são encontrados todos os trabalhos feitos pela IEA, como estudos sobre a captura de CO_2 e armazenamento; combustíveis fósseis mais limpos; alterações climáticas; eletricidade e GN; e desenvolvimento sustentável.

Nesse conjunto, ressaltam-se dois documentos de grande importância no setor energético:

- **O World Energy Outlook (WEO),** que, por meio de prospecções da matriz energética, contém uma análise das alterações climáticas e estabelece as últimas tendências de energia e o seu impacto em emissões de gás de efeito estufa. Além disso, traz o detalhamento de um roteiro do setor de energia para tornar o mundo menos poluído, emitindo pouco carbono (*low carbon*). O WEO, publicado anualmente, segundo o próprio site, "ganhou reputação como a fonte mais confiável de análise de energia e projeções". Sua última versão, o WEO 2009, fornece uma perspectiva da quantidade de oferta e demanda de energia em médio prazo (2010-2015) e em longo prazo (2015-2030), apresentando ainda análises e lições sobre segurança energética, investimentos e meio ambiente. Por causa de seu peso no cenário energético mundial, um enfoque específico muitas vezes é dado a países como Brasil, Rússia, Índia e China (os denominados BRICs) e Coreia do Sul.
- **O Key World Energy Statistics** cuja última edição é também de 2009, apresenta, de forma sucinta e direta, dados importantes, tais como: visões da situação mundial e dos principais países quanto à oferta, à transformação e ao consumo; balanços energéticos; preços dos combustíveis; emissões atmosféricas por causa do uso da energia; perspectivas; indicadores energéticos; e fatores de conversão das unidades energéticas.

Os principais temas tratados pela IEA, sobre os quais são desenvolvidos estudos e relatórios, são:

- Captura e disponibilidade de CO_2.
- Emissões de combustíveis fósseis.
- Mudanças climáticas.

- Análises de demanda.
- Eletricidade.
- Tendências de emissões.
- Eficiência energética.
- Reforma dos mercados de energia.
- Políticas energéticas.
- Projeções energéticas.
- Segurança energética.
- Energia nuclear.
- Gases do efeito estufa.
- GN.
- Estudos sobre os países não membros da OECD (comércio de emissões e tratamento nos MDL).
- Petróleo.
- Energia renovável.
- Desenvolvimento sustentável.
- Tecnologias energéticas.
- Setor de transporte.

EIA-DOE

O site da EIA dos Estados Unidos, com sede em Washington, D.C., revela uma preocupação norte-americana com a questão energética e o meio ambiente. Nele, a EIA apresenta um vasto leque de informações e dados de produtos que envolve a produção de energia, as reservas, a pesquisa, as importações, as exportações e os preços, além da elaboração de análises e relatórios especiais sobre temas de interesse atual.

No site, existem subdivisões que tratam dos diferentes tipos de fonte de energia, como petróleo, GN, eletricidade, carvão e energia nuclear. Para cada um, existem estudos, relatórios e análises de mercado e da variação do preço.

A preocupação com questões ambientais é ilustrada por meio de seções com dados relevantes de produção de energia elétrica. Há ainda uma seção sobre energia renovável e fontes alternativas que engloba na análise a energia geotérmica, de biomassa, a hidrelétrica, a solar e a eólica, bem como o etanol.

O importante documento *International Energy Outlook* é um relatório que apresenta projeções internacionais de energia até 2030, incluindo perspectivas sobre os principais combustíveis utilizados atualmente e sobre as emissões de dióxido de carbono a eles associadas; as previsões de consumo e dados de oferta de combustíveis no período; e os preços dos diversos energéticos. O Capítulo 8 desse documento, intitulado "Emissões de dióxido de carbono relacionadas à energia", apresenta resultados de estudos sobre as emissões antropogênicas de dióxido de carbono por causa do uso de combustíveis fósseis, assim como a previsão de seu aumento nos próximos anos. Como no WEO da IEA, o enfoque específico também é muitas vezes dado aos denominados BRICs e à Coreia do Sul.

MATRIZES ENERGÉTICAS E INFORMAÇÕES EM ÂMBITO NACIONAL

Todos os dados e informações oficiais relevantes relacionados à matriz energética e a outros estudos energéticos no Brasil são coletados, organizados e utilizados no âmbito das responsabilidades da EPE do governo brasileiro. Estes podem ser encontrados no site www.epe.gov.br, que contém muitas informações de interesse sobre o setor energético nacional.

Vinculada ao MME, a EPE, conforme apresentado em seu próprio site (www.epe.gov.br),

> tem por finalidade prestar serviços na área de estudos e pesquisas destinados a subsidiar o planejamento do setor energético, tais como energia elétrica, petróleo e gás natural e seus derivados, carvão mineral, fontes energéticas renováveis e eficiência energética, entre outras.

Com esse propósito, a EPE se envolve em um grande e diversificado conjunto de áreas de atuação, como: leilões de energia; planos de energia; balanço energético; estudos sobre geração e transmissão de energia; projetos e estudos hidrográficos; estudos sobre o meio ambiente; boletins e notas técnicas sobre economia e mercado energético; notas sobre petróleo, GN e biocombustíveis; resultados de concursos públicos; edição de livros (*Mercado de energia elétrica 2006-2015* e *A questão socioambiental*); publicações; licitações e prestação de contas.

O site da EPE possui uma seção exclusiva para o meio ambiente. Nele encontramos estudos socioambientais, dos quais pode-se citar a nota técnica "Estudos do Plano Decenal de Expansão de Energia - PDE 2008-2017: Estudos Socioambientais", que apresenta os critérios e os procedimentos estabelecidos para a avaliação socioambiental do sistema elétrico.

Em meio a muitos documentos, ressaltam-se:

- ***Plano Decenal de Expansão de Energia Elétrica* (PDE)** – apresenta o planejamento decenal da expansão do sistema elétrico nacional, que estabelece um cenário de referência para implantação de novas instalações na infraestrutura de oferta de energia elétrica, necessárias para atender ao crescimento do mercado;
- **BEN** – documento que divulga, anualmente, resultados de pesquisa e contabilidade relativas à oferta e ao consumo de energia no Brasil, contemplando atividades de exploração e produção de recursos energéticos primários, sua conversão em formas secundárias, importação e exportação, distribuição e uso final da energia;
- **PNE** – já comentado no capítulo anterior, em sua primeira apresentação (PNE 2030). O PNE 2030 é o primeiro estudo de planejamento integrado dos recursos energéticos realizado no âmbito do governo brasileiro. Conduzidos pela EPE, em estreita vinculação com o MME, o PNE também possui estudos de impactos ambientais. Na maioria dos volumes que o formam, existe uma nota técnica de "Avaliação dos impactos socioambientais".

O CENÁRIO ENERGÉTICO ATUAL

Oferta e consumo

Cenário mundial

Tabela 3.1: Suprimento total de energia primária no mundo

FONTE PRIMÁRIA	PARTICIPAÇÃO PERCENTUAL NA PRODUÇÃO (%)	
	1973	2007
Petróleo	46,1	34,0
Carvão mineral	24,5	26,5

(continua)

Tabela 3.1: Suprimento total de energia primária no mundo (*continuação*)

FONTE PRIMÁRIA	PARTICIPAÇÃO PERCENTUAL NA PRODUÇÃO (%)	
	1973	2007
GN	16,0	20,9
Nuclear	0,9	5,9
Hidro	1,8	2,2
Combustíveis renováveis e resíduos	10,6	9,8
Outros(*)	0,1	0,7
Total Mtep	6.115	12.029

(*) Incluem geotérmicas, solares, eólicas, calor etc.

Fonte: IEA (2009).

Tabela 3.2: Participação dos países da OECD no suprimento total de energia primária por combustível (*)

COMBUSTÍVEL	PARTICIPAÇÃO NA PRODUÇÃO (%)	
	1973	2007
Petróleo	52,5	37,3
Carvão mineral	22,6	20,9
GN	19,0	23,7
Nuclear	1,3	10,9
Hidro	2,1	2,0
Combustíveis renováveis e resíduos	2,3	4,1
Outros(**)	0,2	1,1
Total Mtep	3.724	5.433

(*) Exclui comercialização de eletricidade.

(**) Incluem geotérmicas, solares, eólicas, calor etc.

Fonte: IEA (2009).

Tabela 3.3: Geração de eletricidade por combustível

COMBUSTÍVEL	PARTICIPAÇÃO NA PRODUÇÃO (%)	
	1973	2007
Petróleo	24,7	5,6
Carvão mineral	38,3	41,5
Gás	12,1	20,9
Nuclear	3,3	13,8
Hidro	21,0	15,6
Outros(*)	0,6	2,6
Total TWh	6.116	19.771

(*) Incluem geotérmicas, solares, eólicas, combustíveis renováveis e resíduos, e calor.

Fonte: IEA (2009).

Tabela 3.4: Consumo final total no mundo

COMBUSTÍVEL	PARTICIPAÇÃO NO CONSUMO (%)	
	1973	2007
Petróleo	48,1	42,6
Carvão mineral	13,2	8,8
GN	14,4	15,6
Combustíveis renováveis e resíduos	13,2	12,4
Eletricidade	9,4	17,1
Outros(*)	1,7	3,5
Total Mtep	4.675	8.286

(*) Incluem geotérmicas, solares, eólicas e calor.

Fonte: IEA (2009).

Cenário nacional

Tabela 3.5: Oferta interna de energia (10^3 tep)

	2006	2007
Petróleo e derivados	85.545	89.139
GN	21.716	22.199
Carvão mineral e derivados	13.537	14.356
Urânio (U_3O_8) e derivados	3.667	3.309
ENERGIA NÃO RENOVÁVEL (10^3 tep)	**124.464**	**129.102**
Energia hidráulica e eletricidade	33.537	35.505
Lenha e carvão vegetal	28.589	28.628
Produtos da cana-de-açúcar	32.999	37.847
Outras renováveis	6.754	7.676
ENERGIA RENOVÁVEL (10^3 tep)	**101.880**	**109.656**
TOTAL (10^3 tep)	**226.344**	**238.758**

Fonte: EPE (2008).

Tabela 3.6: Consumo final energético (10^3 tep)

	2006	2007
Eletricidade	33.536	35.443
Óleo diesel	32.816	34.836
Bagaço de cana	24.208	26.745
Lenha	16.414	16.310
GN	13.635	14.731
Gasolina (exclusive etanol)	14.494	14.342

(continua)

Tabela 3.6: Consumo final energético (10^3 tep) (*continuação*)

	2006	2007
Etanol	6.395	8.612
GLP	7.499	7.433
Outras fontes	39.888	42.957
TOTAL	**188.754**	**201.409**

Fonte: EPE (2008).

Tabela 3.7: Consumo final por setor (10^3 tep)

SETOR	2006	2007
Industrial	76.757	81.915
Transportes	53.220	57.621
Residencial	22.090	22.271
Energético	18.823	21.019
Agropecuário	8.550	9.062
Comercial	5.631	5.935
Público	3.453	3.557
TOTAL	**188.754**	**201.409**

Fonte: EPE (2008).

Tabela 3.8: Emissões de CO_2 – regiões selecionadas (2006)

INDICADOR	BRASIL	AMÉRICA LATINA	MUNDO
t CO_2/hab	1,76	2,14	4,28
t CO_2/tep OIE	1,48	1,83	2,39
t CO_2/10^3U$ de PIB (2000)	0,43	0,54	0,74

Fonte: IEA (2009).

Os diversos setores energéticos

Petróleo

Tabela 3.9: Mundo – reservas provadas por região em 1° jan. 2009

REGIÃO	RESERVAS EM BILHÕES DE BARRIS
Oriente Médio	746
América do Norte	210

(*continua*)

Quadro 3.9: Mundo – reservas provadas por região em 1º jan. 2009 (*continuação*)

REGIÃO	RESERVAS EM BILHÕES DE BARRIS
América Central e do Sul	123
África	117
Eurásia	99
Ásia	34
Europa	14
TOTAL MUNDIAL	1.342

Fonte: EIA-DOE (2009).

Os principais detentores das maiores reservas provadas, para as cinco regiões com maiores reservas, são: Arábia Saudita (266,7), Canadá (178), Venezuela (99), Nigéria (36,2) e Rússia (60). Segundo essas informações, o Brasil tem 12,6 bilhões de barris de reservas provadas.

Tabela 3.10: Produção mundial de óleo cru (inclui óleo cru, GNL, *Feedstacks*, aditivos e hidrocarbonetos)

REGIÃO	PARTICIPAÇÃO PORCENTUAL NA PRODUÇÃO (%)	
	ANO	
	1973	2008
Oriente Médio	3,6	31,8
OECD	23,6	21,7
Antiga União Soviética	15,0	15,7
África	10,1	12,7
América Latina	8,6	8,8
Ásia(*)	3,2	4,3
China	1,9	4,8
Países europeus fora da OECD	0,7	0,2
Total Mtep	**2.867**	**3.941**

(*) Exceto China.

Fonte: IEA (2009).

De acordo com os dados de 2008, os três maiores produtores em Mtep foram: a Arábia Saudita, com 509; a Federação Russa, com 485; e os Estados Unidos, com 300. Dados de 2007 indicam que os maiores exportadores foram a Arábia Saudita, com 339; a Federação Russa, com 256; e o Irã com 130. Os maiores importadores foram os Estados Unidos, com 573; o Japão, com 206; e a China, com 159.

Quadro 3.11: Petróleo no Brasil – recursos e reservas em 31 dez. 2007 (em 10^3m^3)

MEDIDAS/INDICADAS/INVENTARIADAS	INFERIDAS/ESTIMADAS	TOTAL
2.006.970	1.233.460	3.240.430

Fonte: EPE (2008).

Tabela 3.12: Petróleo no Brasil – participação na matriz energética

	OFERTA*		CONSUMO**	
ANO	(10^3TEP)	%	(10^3TEP)	%
2006	85.545	37,80	47.409	25,14
2007	89.239	37,40	56.611	28,11

(*) Petróleo e derivados.

(**) Óleo diesel + gasolina (não incluindo etanol) + GLP.

Fonte: EPE (2008).

GN

Tabela 3.13: Mundo – reservas provadas por região em 1º jan. 2009

REGIÃO	RESERVAS EM TRILHÕES DE M^3
Oriente Médio	2.549
Eurásia	2.020
África	490
Ásia	415
América do Norte	283
América Central e do Sul	262
Europa	167
TOTAL MUNDIAL	**6.254**

Fonte: EIA-DOE (2009).

Os cinco principais detentores das maiores reservas provadas em trilhões de m^3, são: Rússia (1.680), Irã (992), Catar (892), Arábia Saudita (258) e Estados Unidos (238).

Tabela 3.14: Produção mundial de GN

REGIÃO	PARTICIPAÇÃO PERCENTUAL NA PRODUÇÃO (%)	
	ANO	
	1973	2008
OECD	71,3	37,2
Antiga União Soviética	19,7	27,3
Oriente Médio	2,1	12,0
Países europeus fora da OECD	2,6	0,5
América Latina	2,0	4,7
África	0,8	6,7
Ásia(*)	1,0	9,2
China	0,5	2,4
Total bilhões de m³	**1.226**	**3.149**

(*) Exceto China.

Fonte: IEA (2009).

De acordo com os dados de 2008, os três maiores produtores foram a Federação Russa (657 bilhões de m^3); os Estados Unidos (583 bilhões de m^3); e o Canadá (175 bilhões de m^3).

Os maiores exportadores foram a Federação Russa (187 bilhões de m^3), a Noruega (96 bilhões de m^3) e o Canadá (88 bilhões de m^3).

Os maiores importadores foram o Japão, com 95 bilhões de m^3; os Estados Unidos, com 84 bilhões de m^3; e a Alemanha, com 79 bilhões de m^3.

Tabela 3.15: Gás natural no Brasil – recursos e reservas em 31 dez. 2007 (em $10^6 m^3$)

MEDIDAS/INDICADAS/INVENTARIADAS	INFERIDAS/ESTIMADAS	TOTAL
364.991	219.482	584.473

Fonte: EPE (2008).

Tabela 3.16: Gás natural no Brasil – participação na matriz energética

	OFERTA		CONSUMO	
ANO	(10^3TEP)	%	(10^3TEP)	%
2006	21.746	9,60	13.625	7,23
2007	22.199	9,30	14.731	7,31

Fonte: EPE (2008).

Carvão mineral

A tabela abaixo apresenta o total mundial e os três maiores detentores de reservas em bilhões de toneladas curtas (*short tons*).

Tabela 3.17: Reservas no mundo

	BETUME + ANTRACITO	SUB BETUMINOSO	LIGNITO	TOTAL
Estados Unidos	120,1	109,3	33,3	262,7
Rússia	54,1	107,4	11,5	173,1
China	68,6	37,1	20,5	126,2
Mundo	471,3	293,1	164,9	929,3

Fonte: EIA-DOE (2009).

Tabela 3.18: Produção mundial de carvão mineral (inclui carvão recuperado)

REGIÃO	PARTICIPAÇÃO PERCENTUAL NA PRODUÇÃO (%)	
	ANO	
	1973	2008
OECD	50,0	26,1
China	18,7	47,4
Antiga União Soviética	22,8	7,0

(*continua*)

Tabela 3.18: Produção mundial de carvão mineral (inclui carvão recuperado) (*continuação*)

REGIÃO	PARTICIPAÇÃO PERCENTUAL NA PRODUÇÃO (%)	
	ANO	
	1973	2008
Ásia(*)	4,8	13,9
África	3,0	4,1
América Latina	0,3	1,5
Países europeus fora da OECD	0,4	-
Total bilhões de Mtep	**2.235**	**5.845**

(*) Exceto China.

Fonte: IEA (2009).

De acordo com os dados de 2008, os três maiores produtores foram a China, com 2.762 Mtep de carvão duro (*hard coal*); os Estados Unidos, com 1.007 Mtep de carvão duro e 69 de carvão marrom; e a Índia, com 489 Mtep de carvão duro e 32 de carvão marrom. Os maiores exportadores foram a Austrália, a Indonésia e a Federação Russa, com 252, 203 e 76 Mtep de carvão duro, respectivamente. Os maiores importadores foram o Japão, com 186 Mtep; a Coreia, com 100 Mtep; e Taipei Chinês, com 66 Mtep.

Tabela 3.19: Carvão mineral e turfa no Brasil – recursos e reservas em 2003 e 2007 (em 10^3tep)

	CARVÃO MINERAL			TURFA
	ENERGÉTICO	METALÚRGICO	TOTAL	
Em 2003	27.199	5.149	32.348	487
Em 2007	27.175	5.149	32.324	487

Fonte: EPE (2008).

Tabela 3.20: Carvão mineral no Brasil – participação na matriz energética

	OFERTA*		CONSUMO**	
ANO	(10^3TEP)	%	(10^3TEP)	%
2006	13.537	6,00	39.888	21,15
2007	14.356	6,01	42.957	21,33

(*) Carvão mineral e derivados.
(**) Não há referência específica ao carvão mineral. O mesmo está incluído em outras fontes (além de eletricidade, óleo diesel, bagaço de cana, lenha, GN, gasolina, etanol e GLP).

Fonte: EPE (2008).

Energia nuclear

Tabela 3.21: Produção mundial de energia nuclear

REGIÃO	PARTICIPAÇÃO PERCENTUAL NA PRODUÇÃO (%)	
	ANO	
	1973	**2008**
OECD	92,8	83,6
Antiga União Soviética	5,9	9,7
Ásia(*)	1,3	2,2
Países europeus fora da OECD	–	1,0
China	–	2,3
Outros(**)	–	1,2
Total	**203**	**2.719**

(*) Exceto China.
(**) Inclui América Latina, África e Oriente Médio.

Fonte: IEA (2009).

De acordo com os dados de 2007, os três maiores produtores foram Estados Unidos (837 TWh), a França (440 TWh), e o Japão (264 TWh). As maiores capacidades instaladas são dos Estados Unidos (106 GW), da França (63 GW) e do Japão (49 GW). A participação percentual da energia nuclear na geração elétrica dos países é maior na França (77,9%), Ucrânia (47,2%) e Suécia (45%).

Tabela 3.22: Energia nuclear no Brasil – participação na oferta interna de energia

	OFERTA *	
ANO	(EM 10^3TEP)	(%)
2006	3.667	1,47
2007	3.309	1,38

(*) Urânio (U_3O_8) e derivados.

Fonte: EPE (2008).

Recursos energéticos renováveis

Tabela 3.23: Produção mundial de energia hídrica

REGIÃO	PARTICIPAÇÃO PERCENTUAL NA PRODUÇÃO (%)	
	ANO	
	1973	**2008**
OECD	71,6	42,2
Antiga União Soviética	9,4	7,9
Países europeus fora da OECD	2,1	1,4
China	2,9	15,3
Ásia(*)	4,3	8,2
América Latina	7,2	21,2
África	2,2	3,1
Oriente Médio	0,3	0,7
Total TWh	**1.295**	**3.162**

(*) Exceto China.

Fonte: IEA (2009).

De acordo com os dados de 2007, os maiores produtores mundiais são a China (485 TWh), o Brasil (374 TWh), o Canadá (369 TWh) e o Estados Unidos (276 TWh). As capacidades instaladas desses países, em 2006, eram 126 GW, 73 GW, 73 GW e 99GW, respectivamente. A porcentagem de energia hidrelétrica na geração elétrica é maior nos seguintes países: Noruega (98,2%), Brasil (84%), Venezuela (72,3%) e Canadá (57,6%); nos Estados Unidos é de apenas 6,3%.

TENDÊNCIAS APONTADAS POR PROSPECÇÕES DAS MATRIZES ENERGÉTICAS

Taxas médias anuais de crescimento do PIB

Em nível mundial

Segundo o International Energy Outlook (EIA-DOE), no período de 2006 a 2030:

- Países da OECD – 2,2%.
- Outros países – 4,9%.

Segundo estudos da Exxon Mobil Corporation, no período de 2000 a 2030:

- Mundo – 2,7%.

Segundo estudos da IEA, no período de 2002 a 2030:

- Mundo – 3,2%.

Segundo estudos da Shell, no período de 2005 a 2005:

- Cenário "Open Doors" – 3,8%.
- Cenário "Low Trust Globalization" – 3,1%.
- Cenário "Flags" – 2,6%.

Em âmbito nacional

Segundo o PNE 2030, no período de 2005 a 2030:

- Cenário "Mundo Uno" – 3,8%.
- Cenário "Arquipélago" – 3,0%.
- Cenário "Ilha" – 2,2%.

EXERCÍCIOS

1) Verifique, nos principais documentos citados neste capítulo e nos sites do IEA, do EIA-DOE e da EPE, que outros dados fornecidos na matriz energética, incluindo indicadores, podem ser de interesse para avaliações energéticas.

2) Faça uma lista dos dados e indicadores apontados na questão anterior e verifique a classificação do Brasil em termos mundiais, examinando também a consistência dos dados internacionais com os brasileiros.
3) Compare os valores de energia consumida para os diversos setores e subsetores de consumo da matriz energética nacional, convertendo, se e quando necessário, os valores energéticos para a mesma unidade. Calcule indicadores energéticos de consumo unitário para cada setor e subsetor, escolhendo unidades convenientes (exemplo: energia por mil (ou milhões) toneladas de papel produzido, no caso do subsetor papel e celulose). Tente identificar a utilização para os indicadores calculados em termos de planejamento e encaminhamento para uma situação de maior eficiência energética.
4) Expanda os resultados da questão anterior, considerando os diferentes tipos de combustível e fontes energéticas utilizados nos setores e subsetores (exemplo: certo valor de eletricidade, outro valor de derivados de petróleo, outro de biomassa, e assim por diante).

4 Matriz energética local, gestão de energia, planejamento estratégico e matriz de recursos

INTRODUÇÃO

Conforme dito anteriormente, este capítulo trata da utilização dos conceitos básicos das matrizes energéticas, com frequência associadas à energia em âmbito mundial, nacional e regional, em áreas com contornos bem mais delimitados, como unidades industriais, comerciais e residenciais. A esse tipo de matriz, atribuiu-se, na forma geral, o nome de matriz energética local, para distingui-la dos outros tipos de matrizes acima citados. Na aplicação prática, a palavra "local" deve ser substituída pela indicação específica para cada caso, por exemplo: matriz energética da indústria X, do centro comercial Y, da unidade residencial Z.

Nesse contexto, e em consonância com o restante deste livro, o capítulo também trata das possíveis relações entre as referidas matrizes com programas de gestão energética e planejamento estratégico (ou plano diretor) das áreas enfocadas.

Como complementação, trata-se ainda da possibilidade de expansão dos conceitos das matrizes energéticas para envolver outros recursos naturais, além da energia, o que é feito por meio da apresentação dos principais aspectos e resultados de um trabalho, nessa linha, que utilizou como exemplo uma residência.

Esses assuntos são apresentados a seguir, de acordo com o seguinte roteiro:

- Visão geral da construção de matrizes energéticas locais e de seus objetivos.
- Matrizes energéticas locais, gestão de energia e planejamento estratégico.
- Exemplo – roteiro para construção da matriz energética e estabelecimento das bases para prospecção futura, no caso de uma indústria em vias de expansão.
- Expansão dos conceitos para construção de matrizes de recursos naturais e sua aplicação a uma residência.

CONSTRUÇÃO DE MATRIZES ENERGÉTICAS LOCAIS E SEUS OBJETIVOS: UMA VISÃO GERAL

A construção de matrizes energéticas específicas de um determinado empreendimento (aqui genericamente denominadas matrizes energéticas locais) tem por objetivo principal permitir o conhecimento mais detalhado da oferta e a utilização da energia no âmbito do empreendimento. Além disso, visa fornecer subsídios básicos para a implantação de sistemas de gestão de energia e para o estabelecimento de um processo de planejamento estratégico (ou um plano diretor) em médio ou longo prazo, o que vai depender de cada situação sob análise.

Considerando o que foi exposto anteriormente com relação às matrizes mundiais, nacionais e estaduais, alguns aspectos importantes devem ser salientados no que se refere às matrizes locais:

- A oferta de energia, na maioria das vezes, será configurada como importação na cadeia energética, a não ser em casos em que haja produção própria de energia, em suas diferentes formas, nos quais pode haver necessidade de complementação (via importação) ou não (autossuficiência). O exemplo apresentado mais adiante ilustra de forma bastante concreta o caso mais geral de produção própria com necessidade de complementação.
- O transporte até o consumo vai depender do tipo de energia usada e das dimensões do empreendimento; a não ser em casos muito específicos, nos quais possa haver transformação energética para produção de energia secundária. Usualmente, será representado pelas perdas nele ocorridas.
- O consumo incluirá os diversos usos finais da energia no empreendimento.
- Os modelos para elaboração e prospecção das matrizes poderão ser facilmente desenvolvidos com a utilização de planilhas e *softwares* disponíveis no mercado, como no caso apresentado mais adiante.

- Índices e indicadores da evolução energética poderão ser estabelecidos em função de cada caso, e até mesmo comparados aos valores desses índices e indicadores assumidos como *benchmarks* ou metas a serem buscadas no âmbito de processos de planejamento estratégico (ou plano diretor). O caso apresentado adiante para uma indústria exemplifica claramente este procedimento.
- A construção da base de dados pode se apresentar como um desafio importante, dependendo do tipo de medições utilizado pela empresa. Certamente, quanto mais medições a empresa tem, mais simples a montagem da base de dados. No caso bastante comum de falta de medições internas ao empreendimento, no entanto, será necessário desenvolver um plano de medições que considere as mais diversas situações, as alterações de mercado dos produtos, as sazonalidades, entre outros aspectos.
- A expansão dos conceitos para incluir outros recursos naturais, como água, resíduos e outros, apresentará as mesmas características, certamente com dificuldades adicionais relacionadas principalmente à construção da base de dados.
- É possível também construir matrizes agregadas de diversas unidades da mesma empresa ou grupo, de forma a permitir uma visão global integrada, sem perder, no entanto, a possibilidade de identificação das unidades. Isso pode permitir uma avaliação integrada, a identificação de pontos "fracos" e "fortes", e o estabelecimento de atividades sinérgicas voltadas ao melhor desempenho do conjunto como um todo.

Como se vê, a construção das matrizes locais pode ser efetuada por um processo estruturado de atividades, que também permitirá a monitoração e a reavaliação continuadas ao longo do tempo, em função do comportamento das variáveis básicas que influenciam os fluxos energéticos (e de outros recursos) associados ao(s) empreendimento(s) sob análise.

MATRIZ ENERGÉTICA LOCAL, GESTÃO DE ENERGIA E PLANEJAMENTO ESTRATÉGICO

A relação entre matrizes energéticas, gestão e planejamento foi abordada no Capítulo 2, no qual também se deu ênfase ao estabelecimento de políticas em âmbito mundial, nacional e estadual.

Essa relação pode ser apontada no caso das matrizes locais, considerando gestão e planejamento no âmbito dos empreendimentos sob análise.

Do ponto de vista de gestão, a matriz energética local está fortemente atrelada ao sistema de gestão energética do empreendimento.

O sistema de gestão energética é formado basicamente por ações de comunicação, diagnóstico e controle, complementados pela criação de uma Comissão Interna de Conservação de Energia (Cice). Esse sistema, em geral, abrange as seguintes medidas:

- Conhecimento das informações associadas aos fluxos de energia, às variáveis que influenciam os mesmos fluxos, aos processos que utilizam a energia, direcionando-a a um produto ou serviço.
- Acompanhamento dos índices e indicadores que possam servir de controle à evolução energética, como, por exemplo, consumo de energia (total, por unidade), custos específicos dos diversos energéticos, características básicas do consumo, valores médios, contratados, faturados e registrados de energia.
- Atuação com vistas a modificar os índices e indicadores para reduzir o consumo de energéticos.

Um produto importante nesse contexto é o diagnóstico energético, que deve incluir pelo menos as seguintes etapas: estudo dos fluxos de materiais e produtos; caracterização do consumo energético; avaliação das perdas de energia; e desenvolvimento de estudos para determinar as alternativas técnicas mais econômicas para redução do consumo e das perdas.

Um relatório de diagnóstico energético deve conter pelo menos os seguintes itens:

- Com relação aos sistemas elétricos – levantamento da carga elétrica instalada; análise das condições de suprimento (qualidade do suprimento, harmônicas, fator de potência, sistema de transformação); estudo do sistema de distribuição de energia elétrica (corrente; variações de tensão, estado das conexões elétricas); estudo do sistema de iluminação (iluminância; análise de sistemas de iluminação, condições de manutenção); estudo de motores elétricos e outros usos finais (estudo dos níveis de carregamento e desempenho, condições e manutenção).
- Com relação aos sistemas térmicos e mecânicos – estudo do sistema de ar condicionado e exaustão (sistema frigorífico, níveis de temperatura medidos e de projetos, distribuição de ar); estudo do sistema de geração e distribuição de vapor (desempenho da caldeira, perdas térmicas, condições de manutenção e isolamento); estudo do sistema de bombeamento e tratamento de água; estudo do sistema de compressão e distribuição de ar comprimido.

- Com relação aos balanços energéticos – análise de uso racional da energia, por exemplo, mediante estudos técnicos e econômicos das possíveis alterações operacionais e de projeto, como a viabilidade econômica da implantação de sistemas de alto rendimento e de automação e controle digital para melhorar o desempenho energético.

Essa breve visão do sistema de gestão energética permite verificar a consistência total com a construção da matriz energética local. Consistência que ocorre também quando se lança vistas ao futuro, para construção de um planejamento estratégico (ou plano diretor, nomenclatura também bastante utilizada nos setores de indústria e comércio).

EXEMPLO - ROTEIRO PARA CONSTRUÇÃO DA MATRIZ ENERGÉTICA E ESTABELECIMENTO DAS BASES PARA PROSPECÇÃO FUTURA NO CASO DE UMA INDÚSTRIA EM VIAS DE EXPANSÃO

Um plano diretor de energia de um complexo industrial pode ser elaborado por meio da avaliação da matriz energética da empresa. Além disso, ele pode ser utilizado para estabelecer bases de dados e de metodologias para futuras avaliações de planos de expansão da referida empresa.

Conforme já apresentado, a identificação da matriz energética da indústria requer levantamento e compilação de dados históricos sobre os fluxos de energia, e seus resultados permitem uma avaliação das condições no momento da análise. Essas ações estão contidas em uma fase dos estudos que pode ser denominada cenário atual e desempenho histórico, que tem estreita ligação com o diagnóstico energético citado. Os resultados dessa fase, baseada sobretudo no presente e associada a dados históricos, tem grande semelhança, por exemplo, com o BEN, que analisa o ano imediatamente anterior e apresenta informações passadas, no caso do BEN, há 15 anos (ver Capítulo 2).

A avaliação do cenário atual e do desempenho histórico (informações do passado) pode sugerir aperfeiçoamentos nos processos de coletas de dados e de tratamento das informações, assim como a definição de índices e indicadores energéticos adequados para avaliar a evolução energética ao longo do tempo.

Da mesma forma que o passado contido no BEN serve de base para a prospecção futura da matriz energética nacional, o cenário atual e o desempenho histórico desse complexo também tornam possível analisar, com maior segurança, qualquer plano de expansão futura, criar cenários para essa expansão, identificar riscos de não atendimento da nova demanda pelas energias utilizadas atualmente, e avaliar fontes alternativas de energia que garantam o abastecimento do complexo industrial. Tal análise pode ser acrescida da avaliação de riscos, para verificar oportunidades e necessidades de ações complementares.

A fase de estudos associada às prospecções pode ser denominada construção e análise de cenários futuros. Para avaliar de forma quantitativa a evolução energética ao longo do tempo, valores adequados de índices e indicadores-alvo podem ser definidos como *benchmarks*, da mesma forma que diversos indicadores são usados como meta nas matrizes mundiais, nacionais e estaduais, como a intensidade energética, a porcentagem de domicílios com acesso à energia elétrica e o consumo per capita. No caso de um complexo industrial, esses *benchmarks* podem ser, por exemplo, valores internacionais de mercado, de forma a indicar a competitividade da indústria, no que diz respeito à energia. Podem ser também índices e indicadores baseados em desempenhos passados que se deseja repetir, como este exemplo. De qualquer forma, ao longo do tempo, os próprios *benchmarks* adotados podem ser reavaliados e modificados, com relação a modificações no cenário em que atua a indústria.

Deve-se ressaltar que a construção da matriz energética, quantificando os diversos fluxos de energia, também permite o inventário de emissões de gases do efeito estufa, cujos resultados podem orientar alterações na própria matriz e indicar a possibilidade de atuação no mercado de créditos de carbono associado ao Protocolo de Quioto, como forma de financiar projetos potenciais de energia "limpa".

Sintetizando, os principais objetivos de um estudo desse tipo podem ser:

- Delinear um roteiro de tratamento de dados, monitoramento de desempenho e cálculos de indicadores energéticos que, comparados a indicadores *benchmarks*, orientem a operação da planta para o aumento da eficiência energética. Isso é feito especificamente em uma fase inicial de levantamento e análise do cenário atual e desempenho histórico.

- Apresentar considerações de ordem metodológica, associadas à avaliação e ao planejamento de expansões futuras do complexo industrial, referentes aos possíveis cenários de consumo e ao abastecimento das diversas formas de energia necessárias. Isso é feito especificamente na fase de construção e análise de cenários futuros.
- Elaborar um inventário de emissões de gases do efeito estufa. Isso é feito para as fases acima citadas.
- Adequar os resultados às características do plano estratégico e nele inseri-los. Fase final aqui denominada adequação dos resultados ao processo do plano estratégico (plano diretor).

Cada uma dessas quatro fases de um estudo desse tipo é enfocada separadamente a seguir.

Cenário atual e desempenho histórico

Nessa fase inicial de avaliação, praticamente de execução de um diagnóstico energético, é importante salientar que a escolha de um número pequeno de indicadores energéticos – por exemplo, apenas a intensidade energética da Unidade Produtiva (UP) para cada tipo de produto e forma de energia – permite o estabelecimento de *benchmarks* simples de entendimento, monitoração e cálculo, para aferir a evolução da eficiência energética. Isso pode ser importante para introduzir a cultura de utilização de indicadores na empresa. Outros indicadores podem ser agregados, tanto nesta fase quanto no futuro, para refletir outros aspectos importantes do projeto. Por exemplo, indicadores que levem em conta as quantias de energia própria e adquirida podem ser úteis para consubstanciar estratégias de médio e longo prazo, associadas ao cenário energético do país ou da região onde a indústria se localiza.

A construção da matriz energética e a escolha e quantificação dos *benchmarks* são fatores fundamentais da coleta de dados e do desenvolvimento do estudo como um todo. Dados com informações históricas, relacionadas ao consumo de energia mensal e ao nível de produção das diversas unidades produtivas do complexo industrial, podem permitir não apenas o cálculo da intensidade energética de cada UP, mas também o histórico dessa intensidade.

No caso desta indústria, na qual os insumos energéticos são energia elétrica, lenha e óleo combustível, as intensidades energéticas podem ser expressas, respectivamente, nas unidades kWh/t produzida, m³lenha/t produzida e óleo combustível/t produzido. Dentre estes insumos, apenas o óleo combustível é totalmente adquirido por meio de compra. A lenha é em parte de produção própria e em parte comprada. A energia elétrica apresenta características similares à lenha: há geração elétrica local, efetuada por utilização de resíduos de uma unidade do complexo, assim como conexão com a rede para complementação em caso de geração própria insuficiente.

Para uma avaliação mais adequada do desempenho histórico do complexo industrial, podem ser desenvolvidos gráficos, como o da Figura 4.1 (exemplificando uma unidade do complexo), que permitem reconhecimento direto das condições de consumo e do comportamento da intensidade energética para cada unidade industrial.

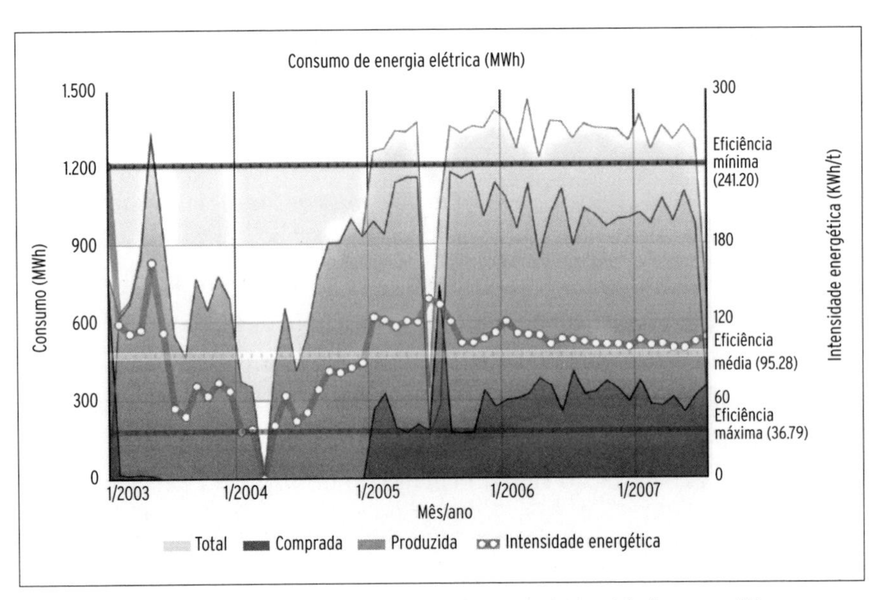

Figura 4.1: Gráfico de consumo de energia elétrica e intensidade energética para uma unidade da indústria (exemplo para período histórico de quatro anos e meio).

Fonte: Adaptação do autor, com base em dados reais.

A montagem da matriz energética da indústria, no período considerado, também deve ser efetuada para servir de base ao estabelecimento dos cenários futuros, o que pode ser feito facilmente se a indústria dispõe de dados energéticos específicos para cada unidade. Caso esses dados não estejam disponíveis, deve-se trabalhar com o que estiver em mãos, efetuando medições e implementando um sistema de medições. Nesse caso, leva tempo para a obtenção e o tratamento de dados.

A Tabela 4.1 ilustra, como exemplo, a matriz energética de uma indústria com oito UPs, para um ano do período histórico.

Tabela 4.1: A matriz energética do complexo industrial para certo ano de operação

MATRIZ ENERGÉTICA: ANO X										
CONSUMO – PRODUTO (UP)										
TIPO ENERGIA	UNIDADE	UP1	UP2	UP3	UP4	UP5	UP6	UP7	UP8	TOTAL
Energia elétrica comprada	(MWh)	3.573	27.291	25.898	1.138	4.563	7.416	568	0	70.447
Energia elétrica produzida	(MWh)	1.290	5.688	6.661	265	1.378	3.569	61	378	19.290
Lenha produzida	(t)	0	0	65.000	0	0	652.800	0	0	717.800
Lenha comprada	(t)	0	0	0	0	0	49.028	0	0	49.028
Combustíveis fósseis	(t)	0	0	0	0	0	0	0	386	386

Construção e análise de cenários futuros

O histórico da intensidade energética das diversas unidades pode ser utilizado para se efetuar a previsão de cenários de consumo de futuros planos de expansão. Na análise efetuada, por causa das variações ocorridas durante o período de operação, pode-se, por exemplo, começar por criar três cenários diferentes, com base na avaliação do consumo histórico:

- Cenário de consumo mínimo – corresponde ao cálculo do consumo esperado se cada unidade mantiver a mínima intensidade energética observada durante o período histórico analisado. Este cenário corresponderia ao máximo otimismo, uma vez que levaria ao mínimo consumo, mas com base na hipótese de todas as unidades reproduzirem sua menor intensidade energética.

- Cenário de consumo máximo – corresponde ao cálculo do consumo esperado se cada unidade operar com a máxima intensidade energética observada durante o período analisado. Ao contrário do cenário anterior, este seria de máximo pessimismo.
- Cenário de consumo intermediário – corresponde ao cálculo do consumo esperado se cada unidade operar com a média anual das intensidades energéticas observadas durante o período. Seria um cenário mais provável.

Dependendo do estudo e da disponibilidade de outras informações, é possível criar outros cenários, combinando diferentemente os indicadores energéticos da diversas unidades, mas é sempre bom lembrar que isso aumentaria a complexidade do problema, e a simplicidade facilita as avaliações e as tomadas de decisão.

Outra variável fundamental no estabelecimento de cenários futuros, obviamente, é o plano de expansão. No caso aqui citado, esse plano era relativamente simples: aumento da produção de certa porcentagem (por exemplo, de 100%, ou seja dobrar a produção) em um dado período, digamos três anos. Além disso, considerou-se um período total de análise de dez anos.

Com relação aos *benchmarks*, por motivos estratégicos, decidiu-se iniciar colocando-se como meta futura que o desempenho energético de cada insumo deveria ser igual ao melhor desempenho histórico desse energético – a mesma situação representada pelo cenário de consumo mínimo.

Assim, a avaliação do desempenho histórico da intensidade energética de cada UP foi diretamente utilizada para identificar as condições de maior eficiência energética de cada unidade (processo) industrial e para estabelecer um conjunto de *benchmarks* operativos de intensidade energética. Esses valores de *benchmark* foram, então, considerados como primeira referência operativa para as diversas UPs, uma vez que novos valores poderão ser estabelecidos ao longo do tempo. Nesse sentido, aperfeiçoamentos operativos e novas tecnologias, quando viáveis e implantadas, poderão permitir o estabelecimento de novos *benchmarks*, de forma a ir aumentando a eficiência energética da planta ao longo do tempo, assim como a competitividade econômica.

Uma vez estabelecidos os cenários e o conjunto de indicadores *benchmark*, partiu-se para os estudos e as análises voltados à avaliação técnica e econômica de alternativas viáveis para atendimento dos requisitos dos três cenários, e à obtenção de conclusões e determinação de recomendações para eles. Essa análise, fundamental para a construção do plano estratégico (plano diretor), também incluiu detalhes da gestão energética e do processo de monitoramento e correção de rumos, à medida que novas informações reais foram sendo obtidas.

Alguns aspectos importantes considerados nessa avaliação e outras do mesmo tipo são apresentadas a seguir:

Quanto aos riscos associados aos cenários de consumo

Na determinação dos cenários a serem considerados, do ponto de vista do aumento de produção visualizado, deve-se incluir também as perspectivas de evolução do mercado para os produtos do complexo industrial, uma vez que sempre há o risco de se efetuar um superdimensionamento que pode resultar em subutilização do aumento planejado. Neste aspecto, deve-se, então, considerar os estudos mercadológicos desenvolvidos pela própria empresa e procurar associar as diversas alternativas de mercado a probabilidades de ocorrência real. Isso permite a construção de um sistema de associação de riscos e mercado (consumo), que deve ser considerado em uma análise final de riscos.

Quanto à relação entre a produção própria de energia e a energia comprada

Como os insumos energéticos lenha e energia elétrica se dividem entre utilização de recursos próprios e comprados, a melhor relação entre a produção própria e a comprada também deve ser estudada levando em consideração todas as variáveis influentes em análises desse tipo, enfatizando principalmente os custos totais finais envolvidos e considerando as perspectivas de sua evolução no período de dez anos de análise.

Quanto à intensidade energética benchmark *de cada unidade*

Como já comentado, a intensidade energética *benchmark* considerada inicialmente está associada ao melhor desempenho histórico de cada unidade. Durante os estudos, as diversas alternativas consideradas devem, em sua maioria, apresentar diferenças com relação ao conjunto *benchmark*. É importante que essas diferenças sejam consideradas cuidadosa e adequadamente na análise, dando origem a recomendações específicas quanto às ações a serem tomadas, para diminuí-las ou mesmo anulá-las.

Quanto à geração e consumo de energia elétrica

Quanto ao consumo, aplicam-se os mesmos comentários apresentados acima para os riscos associados aos cenários de consumo, mas considerando também características específicas da energia elétrica, com ênfase nos fatores de potência e nos fatores de carga (que se refletem nos fatores de capacidade da geração). Do ponto de vista da geração, além dos fatores de capacidade (que refletem os fatores de carga), é importante considerar também os resultados da análise de produção que considera os riscos do mercado, uma vez que os resíduos que serão utilizados para efetuar a geração própria também dependem do que realmente for produzido. Nesse contexto, uma análise benfeita pode ser a base do melhor dimensionamento do aumento da geração própria, indicando, consequentemente, a energia elétrica a ser adquirida. Isso serve também para a negociação com a concessionária de energia elétrica.

Quanto ao insumo energético lenha

A mesma atitude com relação à energia elétrica deve ser tomada quanto ao mercado. Mas, no que diz respeito à parcela que deve ser adquirida fora, deverá ser analisada a viabilidade de aquisição ou arrendamento de área para plantação de uma floresta energética, o que anularia a compra de lenha. Para que tal decisão seja tomada, uma análise de avaliação técnica, econômica e ambiental deve ser desenvolvida, levando em consideração as linhas de financiamento e incentivos existentes para esse tipo de empreendimento e também os possíveis desdobramentos das discussões em andamento referentes às florestas, no âmbito do aquecimento global. Os estudos de inventário de emissões de gases do efeito estufa enfocados adiante serão de muita utilidade para tais avaliações.

Quanto à indisponibilidade das fontes energéticas

Deve ser considerado o risco de perda de cada fonte ou unidade produtora de energia, para qualquer tipo de energia e fonte geradora – própria ou externa (adquirida). Deve ser efetuada uma análise de sensibilidade relacionada com a variação dos riscos assumidos.

Inventário de emissões de gases do efeito estufa

Para as alternativas consideradas nos estudos, tanto no cenário atual quanto nos cenários futuros, deve ser efetuado o inventário de emissões de gases do efeito estufa, utilizando metodologias consolidadas no âmbito das atividades associadas ao combate do aquecimento global, em especial nos MDL. No caso do insumo energético lenha, o inventário deve considerar as alternativas de investimentos para aumentar a produção própria de lenha, como comentado anteriormente.

Adequação dos resultados ao processo do plano estratégico (plano diretor)

Os resultados principais dos estudos, incluindo os de uma análise total de riscos (considerando os já apresentados acima), devem ser adequados ao processo do plano estratégico, de forma sintética e clara, para permitir uma avaliação correta e o estabelecimento de políticas correlatas às decisões tomadas. As conclusões e recomendações dos estudos efetuados têm papel muito importante nesse contexto.

EXPANSÃO DOS CONCEITOS PARA CONSTRUÇÃO DE MATRIZES DE RECURSOS NATURAIS E SUA APLICAÇÃO A UMA RESIDÊNCIA

Conforme já comentado, os conceitos associados à matriz energética podem ser expandidos e aplicados também para outros recursos além do energético, beneficiando a compreensão do consumo dos recursos naturais de forma mais abrangente. Apesar de poder ser efetuado também em níveis mais amplos, como no caso de uma matriz nacional, é muito menos complexo e viável fazê-lo nos tipos de empreendimentos enfocados neste capítulo, de porte bem menor.

Essa extensão é apresentada a seguir, tendo como base a *Metodologia de tratamento integrado de energia elétrica e recursos naturais para empreendimentos dos setores residencial e comercial*[1]. Nesse trabalho, os conceitos apresentados anteriormente aqui, foram expandidos para incorporar, além da energia, a água e os materiais.

Para isso, é necessária a construção dos seguintes balanços:

- Balanço de energia do empreendimento – distribuição percentual e quantitativa dos tipos de energias consumidos no empreendimento, e distribuição percentual e quantitativa das energias, com ênfase nos processos realizados.
- Balanço de água do empreendimento – distribuição percentual e quantitativa do uso da água por processo.
- Balanço de material – distribuição percentual e quantitativa dos tipos de materiais (vidro, plástico, papel, orgânico etc.) consumidos no empreendimento, e distribuição percentual e quantitativa das energias com ênfase nos processos realizados.

Uma referência importante utilizada nessa dissertação, que influenciou a construção do processo para efetuar o balanço dos fluxos de energia e matéria, foi o documento *Prevenção de resíduos na fonte e economia de água e energia* (Furtado, 2000), que apresenta uma metodologia aplicável ao setor industrial no contexto da denominada produção limpa. As linhas gerais dessa metodologia, voltada para essa produção, mostraram-se muito adequadas para serem aplicadas no modelo de tratamento de integração de energia elétrica e recursos naturais, pois o uso dos recursos naturais em empreendimentos residenciais e comerciais pode ser analisado por meio dos processos e serviços existentes para o atendimento das necessidades humanas e conforto. Pode-se, então, avaliar o uso dos recursos naturais por meio de seus fluxos de entradas e saídas nesses "processos produtivos".

1. Dissertação de mestrado de Cláudio Brunoro, da Universidade de São Paulo, orientada pelo autor deste livro.

A partir daí foi desenvolvida a metodologia de "Tratamento integrado de energia elétrica e recursos naturais", com foco nos empreendimentos comerciais ou residenciais, que apresenta as seguintes etapas principais:

- Construção do balanço do fluxo de energia e matéria.
- Análise do balanço do fluxo de energia e matéria – investigação de melhorias.
- Análise integrada dos recursos naturais.
- Proposta consolidada final.

As principais características de cada uma dessas etapas são apresentadas separadamente a seguir.

Construção do balanço do fluxo de energia e matéria

O balanço do fluxo de energia e matéria tem o objetivo de explicitar o consumo de recursos que ocorre nos processos e serviços por meio dos fluxos de entradas e saídas de energia e matéria. Seus passos principais são:

- Identificação do empreendimento a ser estudado – com descrição das suas características, tipo de empreendimento, informações de sua localização, legislação ambiental aplicável e características geográficas, como aspectos físicos (região, relevo, clima) e recursos naturais disponíveis (quedas de água, índice pluviométrico, nível de incidência solar, análise dos ventos, presença de água subterrânea, fontes geotérmicas etc.).
- Estabelecimento de critérios ambientais para o estudo – nos quais se ressaltam os objetivos a serem alcançados. Se houver diversos objetivos, é conveniente estabelecer um critério de prioridade que permita um melhor direcionamento para a análise.
- Identificação dos processos e serviços existentes no empreendimento – para isso, devem ser identificados os processos e serviços internos do empreendimento, os quais apresentam entradas de diferentes insumos (recursos) e saídas de resíduos. São consideradas como entradas: matéria-prima, produto químico, água, energia, equipamentos e outros; e como saídas: resíduo orgânico, resíduo inorgânico, água com resíduo e outros. A Figura 4.2 ilustra um exemplo de entradas e saídas de empreendimento.

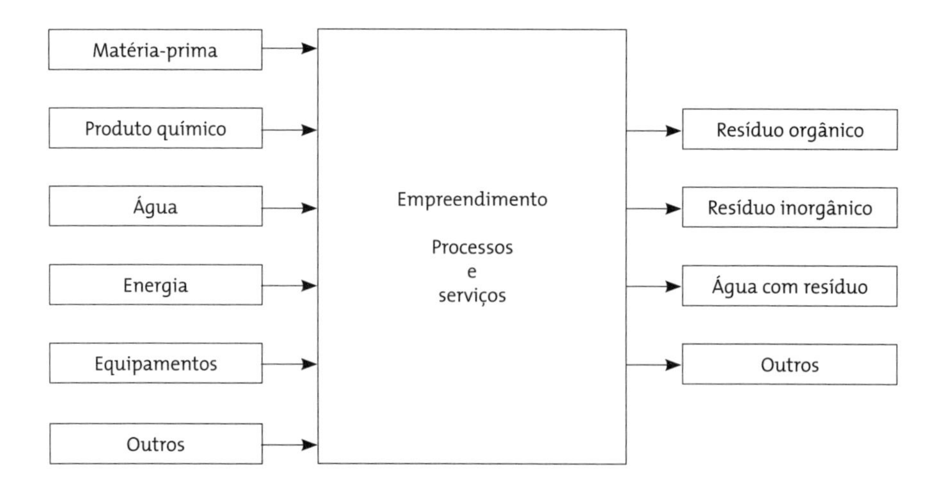

Figura 4.2: Uso dos recursos nos processos e serviços de um empreendimento.

Fonte: Brunoro (2007).

Qualquer atividade existente no empreendimento que, para ocorrer, necessite de recursos naturais e/ou gere algum tipo de resíduo, pode ser considerada como processo ou serviço e analisada, caso seja de relevância para o estudo. Nessa metodologia, entende-se como processo qualquer atividade principal que envolva uso e consumo de recursos naturais e como serviço, qualquer atividade auxiliar secundária que, geralmente, está presente na maioria dos processos do empreendimento. Por exemplo, a atividade de iluminação (ou de conforto térmico) é considerada um serviço, pois auxilia, indiretamente, a realização de diversas atividades principais de um empreendimento.

Por outro lado, um processo pode ser realizado de maneiras diferentes, apresentando, por consequência, diferentes níveis de consumo de recursos. Sendo assim, é preciso identificar quais são os tipos existentes de cada processo. Após essa identificação, deve-se decidir qual será avaliado. Para isso, deve-se analisar qualitativamente cada tipo existente, contemplando os seguintes tópicos:

- Quantidade de recursos naturais utilizados.
- Possibilidade de intervenção no processo.
- Diversidade de recursos naturais utilizados.

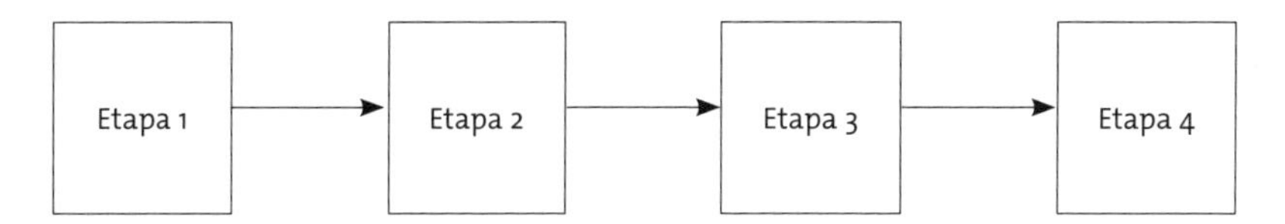

Figura 4.3: Etapas de um processo.

Fonte: Brunoro (2007).

Uma vez escolhido o tipo de cada processo a ser estudado, devem ser identificadas as etapas existentes em cada um deles, configurando um "fluxo produtivo" como ilustrado na Figura 4.3.

Após a construção dos "fluxos produtivos", encadeando as etapas existentes em cada processo, deve-se então identificar e quantificar as entradas de recursos naturais e as saídas de resíduos de cada etapa durante o período da análise.

Com a construção das tabelas de entradas e saídas de cada processo, realiza-se então a consolidação dos dados, obtendo-se o balanço do fluxo de entrada e saída para cada processo e, ao final, para o empreendimento como um todo.

Análise do balanço do fluxo de energia e matéria – investigação de melhorias

É uma etapa a investigação de possíveis melhorias, enfocando maior eficiência do empreendimento. Para isso, identificam-se as perdas e os desperdícios e pesquisam-se, do ponto de vista ambiental, soluções tecnológicas mais adequadas e atitudes corretas que podem ser introduzidas ou modificadas nos processos do empreendimento.

Análise integrada de recursos

É a etapa de avaliação integrada que envolve integração interna, dos processos internos ao empreendimento, e integração externa, focando interfaces do empreendimento com o meio externo a ele.

Proposta consolidada final

Envolve a comparação entre o balanço sem introdução das melhorias e o balanço após a introdução delas; e a identificação das melhorias incorporadas, assim como um sumário dos ganhos quantitativos obtidos.

APLICAÇÃO AO CASO DE UMA RESIDÊNCIA

O empreendimento analisado foi uma unidade habitacional de um edifício residencial localizado na área urbana da cidade de São Paulo. Essa residência, cujo *layout* está apresentado na Figura 4.4, atende às necessidades de duas pessoas e possui 72 m² de área interna.

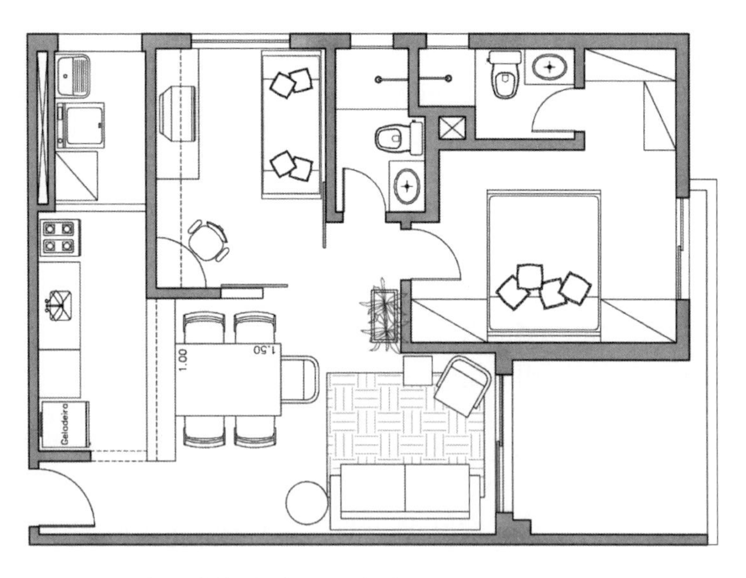

Figura 4.4: *Layout* da residência do estudo de caso.

Fonte: Brunoro (2007).

Infraestrutura disponível: sistemas de distribuição de energia elétrica, GN, água tratada e esgoto

A Figura 4.5 resume os processos, as entradas e as saídas identificados no empreendimento.

Figura 4.5: Uso de recursos nos processos da residência

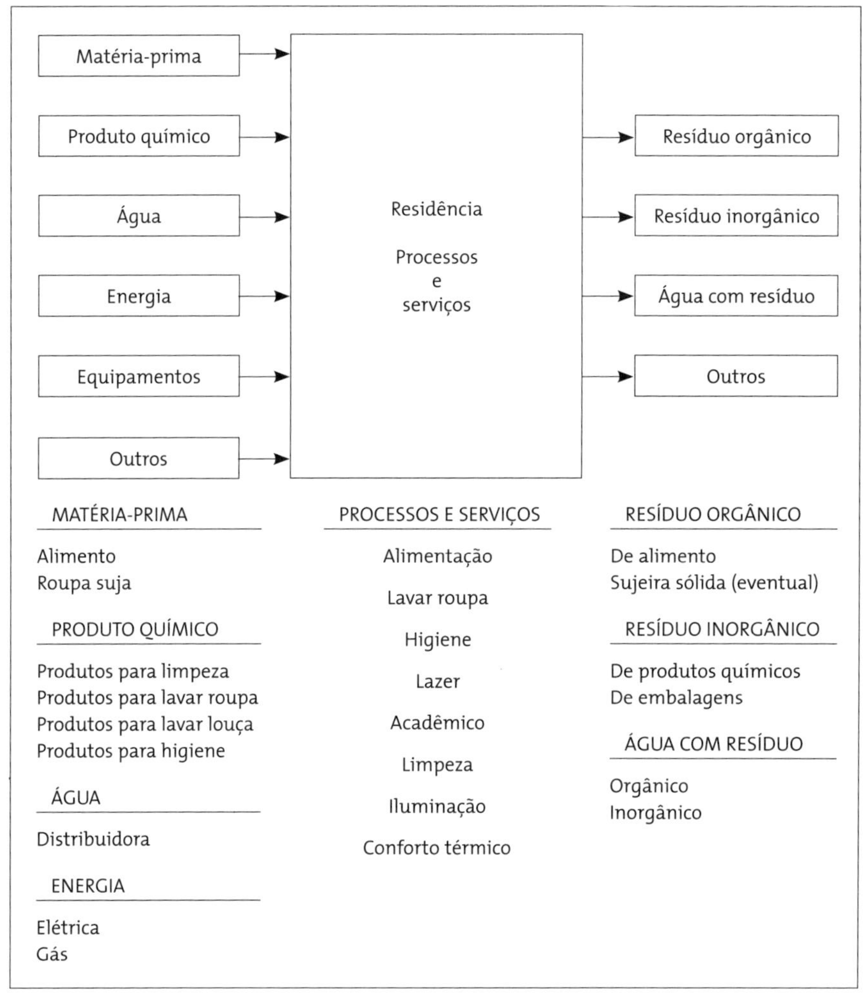

Fonte: Brunoro (2007).

Após a identificação das etapas de cada processo, das entradas e saídas de cada etapa e a quantificação dos recursos e resíduos de cada processo e da residência como um todo, foram obtidos os resultados apresentados no Quadro 4.1 e na Figura 4.6.

Quadro 4.1: Balanço do fluxo de energia e matéria da residência

		PROCESSO							
		ALIMENTAÇÃO	LAVAR ROUPA	HIGIENE	LAZER	ACADÊMICO	LIMPEZA	ILUMINAÇÃO	TOTAL
ENTRADA	Matéria-prima (kg)	–	–	–	–	–	–	–	**–**
	MP perecível	12	–	–	–	–	10	–	**22**
	MP não perecível	8	–	–	–	–	–	–	**8**
	Detergente (kg)	1	–	–	–	–	–	–	**1**
	Produtos de limp. (kg)	2	3,2	1,25	–	–	–	–	**6,45**
	Resíduo REUS/REC* (kg)	–	–	–	–	–	–	–	**–**
	FLUXO DE ENTRADA								
	Material (kg)	23	3,2	1,25	–	–	10	–	**37,45**
	Água (L)	1.880	3.016	9.960	–	–	1.440	–	**16.296**
	Energia (kWh)	182,67	60	329	12,4	8	11,2	42,6	**645,87**

		PROCESSO							
		ALIMENTAÇÃO	LAVAR ROUPA	HIGIENE	LAZER	ACADÊMICO	LIMPEZA	ILUMINAÇÃO	TOTAL
SAÍDA	Perda (kg)	2,6	–	–	–	–	–	–	**2,6**
	Resíduo orgânico (kg)	4,74	–	–	–	–	–	–	**4,7432**
	Resíduo inorgânico (kg)	2,6	3,2	1,25	–	–	10	–	**17,05**
	Resíduo REUS/REC*	sim	não	não	não	não	–	não	**–**
	Resíduo armaz. (kg)	–	–	–	–	–	–	–	**–**
	FLUXO DE SAÍDA								
	Produto final (kg)	13,06	–	–	–	–	–	–	**13,057**
	Resíduo (kg)	9,94	3,2	1,25	–	–	10	–	**24,393**
	Água residuária (L)	1.880	3.016	9.960	–	–	1.440	–	**16.296**
	Energia (kWh)	–	–	–	–	–	–	–	**–**

* REUS = reusado; REC = reciclado

Fonte: Brunoro (2007).

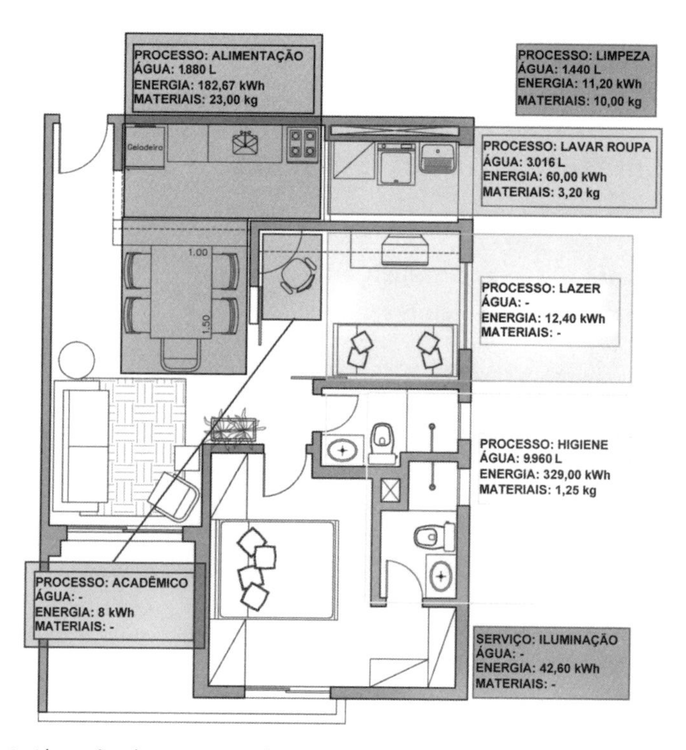

Figura 4.6: Alocação do consumo de recursos no *layout* da residência.

Fonte: Brunoro (2007).

Investigação de melhorias

Por meio de uma observação detalhada dos processos, investigaram-se as etapas que apresentam perdas e desperdícios. Foi também efetuada pesquisas de tecnologias e atitudes sustentáveis pertinentes aos processos envolvidos na unidade residencial do estudo.

Basicamente, as atitudes sustentáveis estão relacionadas à redução de perdas e desperdícios em etapas que envolvem o uso de água e energia. Em resumo, estas estão associadas à redução do tempo de uso da água, combinada a uma redução de intensidade (vazão). Em outras situações, estão associadas à redução da frequência de realização da etapa do processo em detrimento do melhor aproveitamento da capacidade, evitando subaproveitamento.

Quanto às tecnologias, foram levantadas tecnologias associadas à alimentação elétrica, ao aquecimento de água, ao reuso de água e ao tratamento dos resíduos.

A partir dos resultados obtidos, foram selecionadas as melhorias possíveis de serem incorporadas em cada processo.

Análise integrada de recursos naturais

Integração interna

As melhorias possíveis de serem incorporadas em cada processo foram integradas internamente ao empreendimento.

Integração externa

Foram identificadas algumas atitudes sustentáveis que poderiam ser incorporadas ao empreendimento:

- Uso de alimentos orgânicos – redução de agrotóxicos lançados na água.
- Uso de materiais biodegradáveis – redução de lixo e de contaminação da água.
- Reciclagem – redução do consumo de matéria-prima e de energia.
- Micro-ondas x fogão – redução de energia elétrica para aumento do consumo de gás.
- Limpeza – material descartável ou pano, água para lavagem *versus* material.
- Uso de material descartável *versus* não descartável.
- Descarte adequado de resíduos especiais – pilhas, baterias, pneus etc.

Algumas alternativas foram descartadas por apresentarem implantação inviável para o contexto de uma residência, mas poderiam ser incorporadas ao edifício em que a unidade pertence:

- Reuso da água pluvial para lavagem de áreas externas e irrigação de jardim.
- Tratamento da água despejada.
- Coleta seletiva.
- Redução no consumo de água do edifício, acarretando diminuição do consumo de energia elétrica da bomba de água. Essa redução pode acontecer, por exemplo, por meio da diminuição do consumo das próprias residências.

Proposta consolidada final

Os Quadros 4.2 a 4.5 resumem os resultados consolidados após o tratamento integrado de energia elétrica e recursos naturais na residência.

Quadro 4.2: Balanço consolidado do Processo 1 – alimentação

		ETAPA						
		TRANSPORTE	ARMAZENAGEM	PRÉ-PREPARO	PREPARO	CONSUMO	PÓS-CONSUMO	LIMPEZA
ENTRADA	Prod. da oper. ant. (kg)		20	10,2	16,78	16,32	3,49	0,23
	Matéria-prima (kg)							
	MP perecível (kg)	12						
	MP não perecível	8					1	
	Detergente (kg)							2
	Produtos de limpeza (kg)							
	Resíduos REUS/REC*							
	FLUXO DE ENTRADA (kg)	20	20	10,2	16,78	16,32	4,49	2,23
	TOTAL DE MATERIAL UTILIZADO (kg)	20	–	–	–	–	1	2
	Água (L)			240	20		1.600	20
	Energia (kWh)		54		22		106,67	

		ETAPA						
		TRANSPORTE	ARMAZENAGEM	PRÉ-PREPARO	PREPARO	CONSUMO	PÓS-CONSUMO	LIMPEZA
SAÍDA	Prod. prox. op. (kg)	20	17,8	9,18	16,78	3,26		
	Produto final (kg)					13,06		
	Perda (kg)		2,2				0,1	0,3
	Resíduo orgânico (kg)			1,02			3,49	0,23
	Resíduo inorgânico (kg)						0,9	1,7
	Resíduo REUS/REC*	não	sim	não	não	não	não	não
	Resíduo armazenado		embalagem					
	FLUXO DE SAÍDA (kg)	20	20	10,2	16,78	16,32	4,49	2,23
	TOTAL DE MATERIAL UTILIZADO (kg)	–	2,2	1,02	–	13,06	4,49	2,23
	Água residuária (L)			240	20		1.600	20
	Energia (kWh)							

* REUS = reusado; REC = reciclado

Fonte: Brunoro (2007).

Quadro 4.3: Balanço consolidado do Processo 2 – lavar roupa

		ETAPA			
		PRÉ-LAVAGEM	LAVAGEM	SECAGEM	FINALIZAÇÃO
ENTRADA	Prod. da oper. ant. (kg)				
	Matéria-prima (kg)				
	MP perecível (kg)				
	MP não perecível				
	Detergente (kg)				
	Produtos de limpeza (kg)	0,8	2,4		
	Resíduos REUS/REC*				
	FLUXO DE ENTRADA (kg)	0,8	2,4	–	–
	TOTAL DE MATERIAL UTILIZADO (kg)	0,8	2,4	–	–
	Água (L)	160	2.856		
	Energia (kWh)		12		48

		ETAPA			
		PRÉ-LAVAGEM	LAVAGEM	SECAGEM	FINALIZAÇÃO
SAÍDA	Prod. prox. op. (kg)				
	Produto final (kg)				
	Perda (kg)				
	Resíduo orgânico (kg)				
	Resíduo inorgânico (kg)	0,8	2,4		
	Resíduo REUS/REC*	não	não	não	não
	Resíduo armazenado				
	FLUXO DE SAÍDA (kg)	0,8	2,4	–	–
	TOTAL DE MATERIAL UTILIZADO (kg)	0,8	2,4	–	–
	Água residuária (L)	160	2.856		
	Energia (kWh)				

* REUS = reusado; REC = reciclado

Fonte: Brunoro (2007).

Quadro 4.4: Balanço consolidado do Processo 3 – higiene

		ETAPA			
		ESCOVAR DENTE	BACIA SANITÁRIA	BANHO	SECAR CABELO
ENTRADA	Prod. da oper. ant. (kg)				
	Matéria-prima (kg)				
	MP perecível (kg)				
	MP não perecível				
	Detergente (kg)				
	Produtos de limpeza (kg)	0,25	0,5	0,5	
	Resíduos REUS/REC*				
	FLUXO DE ENTRADA (kg)	0,25	0,5	0,5	–
	TOTAL DE MATERIAL UTILIZADO (kg)	0,25	0,5	0,5	–
	Água (L)	360	600	9.000	
	Energia (kWh)			320	9

		ETAPA			
		ESCOVAR DENTE	BACIA SANITÁRIA	BANHO	SECAR CABELO
SAÍDA	Prod. prox. op. (kg)				
	Produto final (kg)				
	Perda (kg)				
	Resíduo orgânico (kg)				
	Resíduo inorgânico (kg)	0,25	0,5	0,5	
	Resíduo REUS/REC*	não	não	não	não
	Resíduo armazenado				
	FLUXO DE SAÍDA (kg)	0,25	0,5	0,5	
	TOTAL DE MATERIAL UTILIZADO (kg)	0,25	0,5	0,5	
	Água residuária (L)	360	600	9.000	
	Energia (kWh)				

* REUS = reusado; REC = reciclado

Fonte: Brunoro (2007).

Quadro 4.5: Balanço consolidado dos outros processos

		PROCESSO			
		LAZER	ACADÊMICO	LIMPEZA	ILUMINAÇÃO
ENTRADA	Matéria-prima (kg)				
	MP perecível (kg)			10	
	MP não perecível				
	Detergente (kg)				
	Produtos de limpeza (kg)				
	Resíduos REUS/REC*				
	FLUXO DE ENTRADA (kg)	–	–	10	–
	TOTAL DE MATERIAL UTILIZADO (kg)	–	–	10	–
	Água (L)			1.440	
	Energia (kWh)	12,4	8	11,2	42,6

		PROCESSO			
		LAZER	ACADÊMICO	LIMPEZA	ILUMINAÇÃO
	Produto final (kg)				
	Perda (kg)				
	Resíduo orgânico (kg)				
	Resíduo inorgânico (kg)			10	
	Resíduo REUS/REC*	não	não	não	não
	Resíduo armazenado				
	FLUXO DE SAÍDA (kg)	–	–	10	–
	TOTAL DE MATERIAL UTILIZADO (kg)	–	–	10	–
	Água residuária (L)			1.440	
	Energia (kWh)				

* REUS = reusado; REC = reciclado

Fonte: Brunoro (2007).

Comparando os resultados registrados no balanço inicial, sem a inclusão de modificações, ao balanço apresentado no quadro acima, que supõe a incorporação das modificações, chega-se a uma redução de 19,05% no consumo de energia e de 14,60% no consumo de água da residência.

EXERCÍCIOS

1) Tente delinear, simplificadamente, para uma unidade industrial ou uma unidade comercial, um plano diretor orientado para a eficiência energética, com a introdução de um sistema de gestão energética e uma matriz energética local, como apresentado neste capítulo. Enfatize quais são as principais facilidades e dificuldades que você acha que surgiriam com relação aos aspectos citados ao longo do capítulo, tais como: modelagem para montagem da matriz; obtenção de medições nos diversos pontos importantes da unidade escolhida; levantamento de dados históricos; e escolha de indicadores *benchmarks* para avaliar a evolução energética ao longo do tempo. Se você trabalha em uma unidade industrial ou comercial de um porte que justifique este plano, use-o. Caso contrário, tente fazer isso para um shopping center, por exemplo. Lembre-se de considerar a existência de geradores elétricos de *backup* que possam entrar em operação no caso de alguma emergência.
2) Repita o exercício anterior para um hospital. Lembre-se de considerar a existência de geradores elétricos de *backup* que possam entrar em operação no caso de alguma emergência, o que é fundamental para um hospital.
3) Repita, considerando agora um *campus* universitário com diferentes faculdades, laboratórios, hospital universitário, cantinas. Lembre-se de considerar a existência de geradores elétricos de *backup* que possam entrar em operação no caso de alguma emergência.
4) Reflita sobre as modificações que ocorreriam nos resultados dos exercícios anteriores, caso as unidades enfocadas dispusessem de geração própria de energia elétrica (a partir do GN, por exemplo). Pensar em duas alternativas: a) a geração própria não consegue alimentar toda a carga da unidade; b) há excesso de geração de energia elétrica, que é vendida para a rede. Nesse caso, além de considerar a existência de geradores elétricos de *backup* que possam entrar em operação no caso de alguma emergência, deve-se também considerar a possível emergência de perda da geração própria.
5) Tente efetuar análise similar à apresentada para a matriz de recursos naturais, utilizando seu exemplo pessoal.
6) Reflita sobre as possíveis dificuldades e vantagens de se utilizar a metodologia sugerida quanto à matriz de recursos naturais para as seguintes unidades comerciais: a) shopping center; b) hospital; c) *campus* universitário; d) hotel; e) prédios comerciais.

7) Identifique quais seriam as principais modificações que ocorreriam, no caso apresentado como exemplo para indústria em vias de expansão, se nela fosse utilizada a matriz de recursos naturais em vez da matriz energética, como foi feito.

Referências

LIVROS E TESES

BRUNORO, C. M. *Metodologia de tratamento integrado de energia elétrica e recursos naturais para empreendimentos dos setores residencial e comercial*. São Paulo, 2007. Dissertação (Mestrado em Engenharia Elétrica) - Escola Politécnica, Universidade de São Paulo.

FURNAS/ODEBRECHT et al. Complexo hidrelétrico o Rio Madeira. Apresentação para o *board* de consultores, fev. 2004.

FURTADO, J. S. F. *Prevenção de resíduos na fonte & economia de água e energia: manual*. Programa de Produção Limpa, Departamento de Engenharia de Produção e Fundação Vanzolini, Escola Politécnica, Universidade de São Paulo. São Paulo, 2000.

HOUGHTON, J. *Global Warming*. 2 ed., Nova York: Cambridge University Press, 1997.

[OLADE] Organización Latinoamaricana de Energía; [CEPAL] Comissão Econômica para a América Latina; GTZ. *Energía y desarrollo sustentable en America Latina y el Caribe: enfoques para la política energética*. Quito: 1996.

[OECD] Organization for Economic Co-Operation and Development; [IEA] International Energy Agency. *The link between energy and human activities*. Paris: OECD/ IEA, 1997.

REIS, L. B.; FADIGAS, E. A.; CARVALHO, C. E. *Energia, recursos naturais e a prática do desenvolvimento sustentável*. Barueri: Manole, 2005.

REIS, L. B.; SILVEIRA, S. *Energia elétrica para o desenvolvimento sustentável*. São Paulo: Edusp, 2002.

TURRI, R. K. *Proposição de roteiro para introdução do setor industrial brasileiro no inventário nacional de emissão de gases do efeito estufa à luz do Protocolo de Quioto*. São Paulo, 2005. Dissertação (Mestrado em Engenharia Elétrica). Escola Politécnica, Universidade de São Paulo.

SITES, DOCUMENTOS E INFORMAÇÕES

ANEEL. Informações sobre planejamento do setor elétrico brasileiro. Disponível em: http://www.aneel.gov.br

BARRY ROGLIANO SALLES. Gaschatering. Disponível em: http://www.brs-paris.com.

EPE. Plano decenal de expansão de energia elétrica; BEN 2008; PEN 2030. Disponível em: http://www.epe.gov.br

EIA. *International Energy Outlook*, 2009. Disponível em: http://www.eia.doe.gov

HELIO INTERNATIONAL GUIDELINES FOR OBSERVER REPORTER, 2000. Disponível em: http://www.helio-international.org

IEA. *World Energy Outlook*, 2009; *Key World Energy Statistics*, 2009. Disponível em: http://www.iea.org

ONS. Informações sobre planejamento do setor elétrico brasileiro. Disponível em: http://www.ons.org.br

SECRETARIA DE SANEAMENTO E ENERGIA DO ESTADO DE SÃO PAULO. Balanço Energético do Estado de São Paulo (BEESP), 2007 – Ano Base 2006. Disponível em: http://www.energia.sp.gov.br

Índice Remissivo

A tiragem desta publicação tem suas emissões de gases de efeito estufa neutralizadas!

A Editora Manole, por meio de parceria com a Iniciativa Verde, neutralizou a emissão de dióxido de carbono (CO_2) resultante da produção, impressão e distribuição deste livro. A alta concentração deste gás é uma das principais causas da intensificação do efeito estufa, diretamente relacionado ao aquecimento global.

O projeto técnico de neutralização de gases-estufa envolve o inventário de suas emissões no ciclo de vida da produção e distribuição da primeira tiragem desta obra e o plantio e a manutenção de árvores nativas correspondentes à sua compensação – e pode ser encontrado na íntegra em www.iniciativaverde.com.br.

A Editora Manole utilizou papéis provenientes de fontes controladas e com certificado FSC® (Forest Stewardship Council®) para a impressão deste livro. Essa prática faz parte das políticas de responsabilidade socioambiental da empresa.

A Certificação FSC garante que uma matéria-prima florestal provenha de um manejo considerado social, ambiental e economicamente adequado, além de outras fontes controladas.